連文科生也能
輕鬆讀懂劃時代理論

相對論超入門

Yobinori Takumi／著
陳識中／譯

$E = mc^2$

前言

目前，我正在YouTube上經營一個名為「予備校のノリで学ぶ『大学の数学・物理』（用上補習班的心情學大學數學・物理，簡稱：YOBINORI）」的頻道，為理科的大學生或考生製作物理學的授課影片。至今發表的影片數量在2019年11月的現在已超過350部，頻道訂閱者也突破20萬人。

我在頻道上發表的影片每支長度大約10分鐘，都是能利用零碎時間輕鬆看完一個單元的短片。然而，在數學和物理的世界，仍有一些需要好好坐下來花上半天時間研讀才能大幅提升理解度的單元。

其中之一，就是前作《鍛鍊你的「微積感」！：連文科生都能一小時搞懂的微積分》。

而這次第2本著作所挑選的主題，則是「相對論」。相對論是20世紀初葉由阿爾伯特・愛因斯坦提出的一個非常有名的理論。相信就連大多數文科畢業的學生也應該「聽過這名字」。

相對論從根本上顛覆了我們在日常生活中對「空間和時間」的概念。

換言之，學習相對論，就等於是學習我們所生活世界的「真實面貌」。

藉由學習並理解相對論，你眼中所看見的世界將會變成截然不同的

風貌。

　　我自己也是，在第一次接觸到相對論的時候，也感受到了自己眼前的世界彷彿嘩啦嘩啦地瞬間崩塌的震撼。

　　在拿起本書的讀者中，也許有不少人都會擔心「要讀懂相對論應該要具備數學和物理學的高深知識吧？」。

　　不過，經過本書的詳盡解說，你會發現要搞懂相對論其實只要有「國中數學」程度的知識就沒有問題了。當然，你完全不需要具備微積分方面的知識。

　　本書是以對物理和數學一竅不通的社會人為目標讀者而設計的60分鐘課程。

　　相信你看完本書的內容之後，一定會大嘆「我從來沒有看過這麼簡單易懂的相對論解說！」。

　　如果能夠透過本書讓這世上多一個人的「理科腦」覺醒，就是我最大的榮幸了。

Yobinori Takumi

相對論超入門：
連文科生也能輕鬆
讀懂劃時代理論

目錄

CONTENTS

第1章 什麼是「光速不變原理」？

第2章 什麼是「同時性的相對性」？

第3章 什麼是「時間膨脹」？

第4章 什麼是「長度收縮」？

第5章 什麼是
「質能等價」？

特別課程 用時空圖
理解相對論

登場人物介紹

🕐 Takumi 老師

人氣暴漲中的教育系YouTuber，最近大受注目的理科講師。在大學生和考生之間素有「Takumi老師的課簡單易懂又好玩！」的好評。

🕐 惠理

在製造業擔任營業人員的20多歲女性。在自己和別人眼中都是典型文科生，學生時代常常數學考試拿鴨蛋的數學白癡。在前作《鍛鍊你的「微積感」！》經由Takumi老師的指導後，不再那麼排斥數學了。

HOME ROOM
1
為什麼
你應該要
學習相對論？

🕐 學習相對論獲得「理科腦」！

 進入正題前我想問妳一個問題。惠理妳對「相對論」的印象是什麼呢？

 有聽過這個名字。
……可是，這好像是很艱澀的理論對吧？

 相對論若粗略地說明的話，是一個**討論「時間和空間」的革命性理論**。這個理論誕生之後，大大改變了人類過往對於時間和空間的認知。

 時間和空間，真是壯闊的話題呢……。

 相對論所提出的事實中，有許多都顛覆了與我們日常生

活的直覺相近的 19 世紀物理學。

因此，相對論是鍛鍊我們理解違反日常直覺事物的**「理性思考力」的絕佳教材**。

意思是說**學習相對論，可以訓練「理性思考力」嗎？**

沒錯。我們在國高中學到的物理學大多數都符合日常生活中的直覺，相較之下容易理解；但踏入更上層之高等物理學的世界後，將會遇到許多難以用直覺理解的理論。要想理解這些理論，就必須學會**「用理論接受違反直覺的事實」**。

在我們的日常生活中，不也有許多「違反直覺但合理」的事情嗎？

而若是想要「訓練理性思考力」，那麼相對論就是非常合適的教材。

我對自己的直覺很有自信！不過，也稍微有點憧憬理性派的人呢⋯⋯。

HOME ROOM
2
只要用
「國中數學」就能
理解相對論！

 相對論分為「狹義」和「廣義」

 那麼，不妨就藉著這個機會轉職成為「理性派女子」吧！

 話雖如此，像這樣顛覆了世界的高深理論，就憑我真的有可能理解嗎？

當然沒問題！
相對論有**以「時間和空間」為主題的「狹義相對論」**，以及除此之外**再加上了「重力」這個主題的「廣義相對論」**。其中「狹義」的部分只需具備國中程度的數學就能完全理解。
相反地，「廣義」的部分則是就連大學就讀物理系的人，也不一定能搞懂的艱澀理論。想要完全理解的話，可得

要抱持著犧牲青春的決心才行呢（笑）。

咦咦──!?不管再怎麼說，犧牲青春實在太強人所難了！

我想也是（笑）。

所以，這次我打算只以相對論的基礎部分「狹義相對論」為中心，用**「去除複雜的計算，60分鐘就能聽懂的課程」**來讓大家清楚理解相對論的本質！

🕐 60分鐘就能理解「狹義相對論」！

如果是「狹義」的部分，就連我也有辦法在60分鐘內理解嗎!?

沒錯，**60分鐘就夠了**！

解說過程中雖然會出現幾個簡單的算式，但是**數學不好的人完全無視也不會有問題**。

跳過計算也不會有問題!?

既然如此我好像也能挑戰一下……。

可是，相對論比起數學更接近物理學吧？

我是純種的文科生，已經**幾乎把學校教的物理學忘光光**了喔？

就算這樣也沒問題！

我會盡量不用專業術語，並且用即使是完全沒有物理化學知識的妳也能聽懂的方式來說明的！

🕐 必要的知識，只有國中數學！

可是，相對論這種超高等的物理學理論，真的只要用國中數學就能理解嗎？

妳的疑心病真重耶……。

當然，雖然還是會需要用到一些物理方面的知識，但遇到這種部分的時候，我會在講解的過程中一併介紹，所以不用擔心。

那萬一遇到的時候，我會不客氣地提問的！

那，除此之外到底還需要哪部分的國中數學呢？

數學的部分，只會用到**畢氏定理**而已。

 畢氏定理……（汗）。

是三角形的那個吧……？

 沒錯（笑）。

就當作複習，這裡簡單說明一下吧！

《畢氏定理》

假設直角三角形的三邊為「a、b、c（c為斜邊）」，則a和b的平方和等於斜邊c的平方。

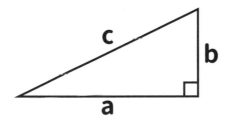

$$c^2 = a^2 + b^2$$

這回只要記住這個定理就行了。

唔—嗯，我現在就連這個都已經忘光光了⋯⋯。

當、當然包含這個公式在內，只要遇到要用的時候我都會幫妳複習一遍啦！

真的嗎⋯⋯？
那，除了這個之外還需要什麼公式嗎？

這個嘛⋯⋯。
因為狹義相對論是以「時間和空間」為主題，所以還要知道「距離、時間、速度」的關係。

距離＝速度 × 時間

啊、嗯嗯，這個公式的話平時常常會用到呢⋯⋯。

沒錯，在小學就教過了距離、時間、速度的關係式，而且日常生活中也常常會用到。

基本上，只要記住上面這2個公式，就完全夠用了！

我知道了！
我感覺稍微有點自信了！

很好！
這樣一來，我們就做完60分鐘理解狹義相對論的準備
囉！

狹義相對論的
3個重點

 ### 狹義相對論是什麼？

 那麼，若是學習了狹義相對論之後，可以讓我們了解到
什麼事呢？

 簡單來說，可以讓我們認識到「**萬物都是相對的**」這件
事喔。
這部分是提升妳學習動力不可缺少的環節，所以我會詳
細解釋一下。

 那就拜託你了！

 剛剛說過，狹義相對論是探討「時間和空間」的理論，
而這個理論**大致上解釋了這3件事**。

重點 1	時間膨脹
重點 2	長度收縮
重點 3	能量＝質量

（重點①）運動中的物體 「時間比較慢」

第 1 個是妳以前或許也曾經聽過的說法，那就是「時間膨脹」。

換言之，相對論主張「運動中的物體，時間看起來會比較緩慢」。

 就是時光機之類的原理吧！

 雖然不是像科幻電影中出現的時光機那樣，可以讓時間倒流，但相對論告訴我們**「物體在移動時時間會變慢」**。

 咦？只要移動，時間就會變慢嗎？

沒錯！是不是很違反直覺呢？

 原來如此……。難怪我不管再怎麼拚命跑，還是趕不上上班時間呢！

 不，妳之所以會遲到的原因，單純就只是睡過頭而已吧（笑）。

 那請用相對論教我不會遲到的方法！

 妳可以不用故意裝傻讓我吐槽啦（笑）。
不管妳跑步的速度有多快，**時間都不可能減慢到**肉眼就能看得出差異的程度。

 果然……。
可是這樣說的話，不管我動得有多快，都不太可能「讓時間變慢」不是嗎？

 一般來說的確是這樣。
在我們居住的地球上，「時間在所有地方都以相同的速度流動」；由於大家都接受這個前提，所以我們才能維持和諧有序的生活。因此，「時間膨脹」這件事很難直觀

地理解。

然而，相對論卻發現了**「運動中的物體，時間會走得比較慢」**這個現象，也因為如此，使我們了解到其他**更有趣的事情**。

唔─嗯，有點不明白你在說什麼……。

詳細的內容，我們之後會再進一步講解。緊接著，下面就讓我們繼續來介紹狹義相對論的第2個「違反直覺的重點」吧。

（重點②）運動中的物體長度會收縮

在狹義相對論中，我們還知道了**「運動中的物體長度會收縮」**這個現象。

……咦？運動就會縮短？

是的。這也是相對論中非常有名的論點，而且已經被許多實驗證明是正確的。

可是這種事情，我在日常生活中一次也沒有體驗過耶？

 是的。這也是「違反直覺」的典型例子。

這個事實，同樣只需要使用國中程度的數學就能完全理解箇中原理。

（重點③）質量跟能量是同一種東西

 光是到這裡的內容就已經讓我完全摸不著頭緒了，除此之外還有其他的重點嗎？

 是的。最後的壓軸重點，乃是**「能量即是質量」**這個理論。

 哎？能量跟重量有關係嗎？

 是的。這點我們之後一樣會詳細解釋，所以這裡只簡單介紹結論：**「質量可以轉換成能量，且能量也可以轉換成質量」**。

這個事實一般稱之為「質能等價」。

咦咦？能量不是眼睛看不見的東西嗎？
原來能量還可以變成實體嗎？

沒錯。
這也是經過許多實驗所證明得出的「事實」。是不是有
點難以想像呢？

這聽起來實在太超現實了，我完全跟不上……。

雖然乍聽之下很難理解，但只要按部就班地學習觀念，
妳就能完全搞懂是怎麼回事。

這麼困難的理論，真的只靠著國中數學的程度就能夠理
解嗎？
我開始有點不安了……。

在實際的論文中，雖然的確有用到微積分和三角函數等
複雜的數學，不過**這次會將那些部分捨棄，並把重點放
在「觀念」的介紹**。
但即便只有觀念，也完全足以理解狹義相對論所描述的
世界觀了喔。

搞懂相對論，
就能理解這世界！

從 GPS、核能發電，到宇宙的構成

 雖然我已經了解「學習相對論就能夠更接近理性派女子」，但是相對論在我們的日常生活中可以派得上什麼用場嗎？

事實上，相對論早就已經被應用在日常生活中的各個角落了喔。

舉例來說，智慧型手機和汽車導航內都有具備的 GPS（全球定位系統），在設計時就有考慮到相對論中提出的「時間膨脹」。

現在的 GPS 可以即時且精確地告訴我們自己在地圖上的哪個位置，但若沒有相對論的出現，GPS 就無法達到如今用來為汽車導航的精確度喔。

咦咦咦！
GPS原來用到了那麼高深的理論啊。

還有，前面介紹的「質能等價」，也與核分裂反應等現象有關。

核分裂？

核能發電廠所用的反應爐，是利用鈾等核子燃料產生的龐大能量來發電，其背後的主要原理也是建立在相對論上。
當然，原子彈也是以相對論為基礎。

明明是「時間和空間」的理論，卻連核能也會運用到啊……。

是啊。在相對論出現之後，人類對自己身處的世界有了與以往全然不同的認識，而相對論也成為現代物理學的基礎之一。
另外，在廣義相對論的範疇中，2015年9月，科學家也實際觀測到了愛因斯坦於該理論中預言的「重力波」。
這股重力波被認為是在2個黑洞結合時所產生的，在當

時可是大新聞呢。

愛因斯坦初次發表廣義相對論是在 1915 ～ 1916 年期間，足足相隔了 100 年呢。

🕐 描摹「年輕天才」的思考軌跡

 說到愛因斯坦，就是那張很有名的吐舌頭照片裡的老爺爺吧？

 廣義相對論和狹義相對論兩者都是由愛因斯坦所提出的，而較早發表的狹義相對論是在 1905 年問世。而這個時候，愛因斯坦其實才只有 26 歲。

（※25 歲的愛因斯坦）
©Getty Images

 26 歲？那不是跟我差不多嗎!?

 說到愛因斯坦，大多數人的印象都是那張吐舌頭的老年時期照片。

那張照片的拍攝時間是在他72歲的時候。

（※72歲的愛因斯坦）
©Getty Images

而相對論則是他**在科學家生涯巔峰時期的26歲時建立的理論**。

一想到這理論是當時仍默默無名的年輕科學家建立的理論，是不是突然多了種親切感呢？

真的！

可是，居然在26歲就建立了現代物理學的基礎，這已經不是天才二字就能形容的了……。

據說愛因斯坦在12歲時就讀完了歐幾里得幾何學，並靠自學學會了微積分。在他26歲便發表相對論的背後，其實還有著這樣的根基喔。

因此可以說學習相對論，就像是在**描摹愛因斯坦這位年輕天才的思考軌跡**也不為過。

要說我12歲時讀的書，大概只有漫畫《走投無路危險爺爺》（曾山一壽著，青文出版）吧（笑）。

我也一樣啊（笑）。

HOME ROOM
5

要搞懂相對論
最重要的一件事

 成為一個理性派的唯一條件

 雖然只有一點點,但我做好學習相對論的覺悟了!

那麼,我們就正式開始相對論的課程吧!
但在這之前,還剩下最後一個準備工作。那就是可以幫
助妳更順利理解像是相對論這類「非日常理論」的思考
方法。

 真的有那種方法嗎?

 雖說是方法,其實只有一句話。
就是「從接受假說開始」。

 從接受、開始……?

沒錯，在物理學中，通常是先建立「假說」，再以此為出發點做實驗進行驗證，確認這個假說是否為「事實」。相對論也是一個**經過長達100年的巨大實驗後，才被確認是現代物理學「事實」的理論**。

因此，這次的課程將先從「實驗事實」講起。然後，再來探究**「根據這些事實，可以推得什麼結論？」**。

 意思是先接受「假說」本身很重要對吧。

我會努力的！

建立物理學理論的步驟

1. 首先，接受假說

2. 思考若假說正確的話，
**　會有什麼結果**

3. 反覆進行實驗驗證

第1章

什麼是
「光速不變原理」？

LESSON 1

相對論到底
厲害在哪裡？

 相對論改變了科學史

 那麼從本節開始，我們將正式開始講解相對論的內容。

 Takumi 老師，話說回來，相對論到底為什麼會這麼有名呢？

 因為相對論在它誕生的時代，是一個**顛覆了人類對「時間和空間」之概念的革新理論**。

 這一點之前也有提過呢。

 在 19 世紀以前，科學家們相信只要使用牛頓提出的「牛頓力學*1」，就能幾乎百分百正確預測所有物體的運動。然而，在 1864 年電磁學的「馬克士威方程組*2」

問世後，科學家們發現電磁學和牛頓力學之間出現了矛盾。

而最終解決了這個矛盾的，就是相對論。

 我的腦袋開始陷入混亂了……。

 那我簡單整理一下吧。

①**牛頓力學成功描述了不包含電磁現象在內的物體運動定律。**

②**然而，隨著電磁學愈趨成熟，科學家發現電磁學與牛頓力學有不相容的地方。**

③**藉由相對論解決了牛頓力學和電磁學之間的衝突。**

只要知道這樣就OK了！

 唔嗯……可是，為什麼解決兩者的矛盾會是劃時代的創舉呢？

 其原因在於，愛因斯坦對「**光速**」這件事，提出了一個嶄新的見解。

＊1 牛頓力學：由英國物理學家艾薩克・牛頓（1642-1727）等人系統化，用來描述物體運動的物理定律。

＊2 馬克士威方程組：1864年，由詹姆斯・克拉克・馬克士威（1831-1879）整理而成的電磁學基礎方程式組。

解開「光」的「巨大謎題」的愛因斯坦

🕐 相對論的關鍵在「光速」

 光速？你說的光，就是我們眼睛看得到的光嗎？

 沒錯！
眾所周知，光會以非常快的速度前進對吧。

 提到網路時，也常常會聽到人說「因為是光纖網路，所以很快速！」之類的呢。

 我想妳可能也有聽說過，光的行進速度是**每秒30萬公里**＊（**30萬km/秒**）。

 咦!?30萬公里？每秒!?

是的（笑）。這個速度差不多等於1秒鐘能繞地球7圈半。不過，這是在真空中的速度。包含我們家用網路所使用的光纖等，光在通過其他物質時，速度會稍微變慢一些。

 就算這樣也還是很快耶！
那麼，這也是愛因斯坦發現的嗎？

 不，光速並不是他發現的。
愛因斯坦提出的論點，是**「光在真空中總是以相同速度前進（光速不變）」**這件事。

描述「誰眼中的速度？」的相對速度

 光總是以相同速度前進？
這不是理所當然的嗎？

 事實上，光以等速前進這件事，是用馬克士威方程組推導出來的。然而，假設有2個以不同速度運動的觀測

＊ 嚴格來說應該是299,792,458m/秒，但本書簡化為「30萬km/秒」。

者，那麼兩人眼中看到的光速究竟有多快，卻始終是一個難解之謎。

 那，愛因斯坦的學說有什麼創新之處嗎？

 愛因斯坦的主張是**「不管由誰來觀測，光的速度都保持不變」**。

 不管由誰來觀測是什麼意思？

 也就是說，不論是在靜止不動的人眼中，還是在持續以相同速度移動的人（等速直線運動的人）眼中，光永遠是以 30 萬 km/秒的速度前進。

 原來如此……。可是，這個主張又有什麼特別的嗎？

 「光速不變原理」的特別之處，在於它**推翻了人們對「相對速度」的認知**。

所謂的相對速度，是日常生活中十分常見的現象。這可以用簡單的計算來算出，下一節我們會詳細說明！

LESSON
3

「移動中物體」之
速度的計算方法

 如何計算「相對速度」

 唔嗯，就算你突然告訴我「光速不變」，我也搞不太懂
這有什麼意義⋯⋯。

 那麼，為了幫助妳了解光速跟普通物體的速度有何不
同，讓我們先來聊聊相對速度吧。

 這是上一節出現的「物理術語」呢⋯⋯。

 所謂的相對速度簡單來說，就是**「運動中的人觀察另一
個運動中的人所感覺到的速度」**。

 嗯——，好複雜⋯⋯。

打個比方，想像我們坐在一輛時速100km的汽車上。此時，旁邊剛好有一輛時速300km的新幹線和我們並駕齊驅，請問這輛新幹線的速度看起來會比實際上更快？還是更慢呢？

 呃呃，因為我們坐的汽車是以100km/小時的速度前進，所以⋯⋯應該會更慢？

 沒錯。2個運動中的物體，在彼此眼中看到的速度就叫做「相對速度」。
若兩者朝同方向運動的情況下，那麼雙方眼中彼此的速度可用下面的數學式表示。

假設有 V_B (新幹線)、V_A (汽車)，則

相對速度＝$V_B - V_A$

換言之，當新幹線以300km/小時、汽車以100km/小時的速度移動時，汽車上的人看到的新幹線，根據右頁的計算，是以200km/小時的速度移動。

300km/小時－100km/小時＝200km/小時

 原來如此。所以看起來會比實際更慢呢。

A（汽車） V_A
100km/小時

B（新幹線） V_B
300km/小時

從汽車看新幹線時，
是300km/小時－100km/小時，
新幹線看起來像以200km/小時的速度遠去。

「相對速度」是以「自己」為基準

 相反地，坐在新幹線上觀察汽車時，汽車的速度如下。

$$100km/小時 - 300km/小時 = -200km/小時$$

換言之，汽車看起來是「以時速200km的速度往後退」。

 意思是汽車看起來反而是在往後退嗎？

 妳在現實中搭新幹線的時候，有沒有看過汽車被新幹線超車的景象呢？

 有有有！

 乘新幹線的時候從窗戶往外看，是不是會有種「自己靜止不動，窗外的風景和汽車不斷往後飛逝」的感覺？
當汽車跑得比較慢時，從新幹線看起來汽車就像是在往後移動。

 原來如此！
以時速負200km/小時移動是指這個意思啊！

以相同速度朝同方向和朝反方向前進時

 那麼，當2輛汽車都以100km/小時的速度並肩行駛時，兩者在彼此看來會是什麼樣子呢？

 呃呃，應該看起來就像靜止不動吧？
雖然我只是用想像的！

 答對了！用數學式表示的話，就像下面這樣。

100km/小時－100km/小時＝0km/小時

換言之，時速0km，看起來就一如字面上的「靜止不動」。

 那如果反過來以100km/小時的速度錯身而過的話，又會是什麼樣子呢？

朝反方向運動的時候，只要在速度前面加上負號就沒問題了。

由於對方是以-100km/小時朝我方靠近，

－100km/小時－100km/小時＝
－200km/小時

換言之，對方看起來就像是以200km/小時的速度朝反方向前進。

A（汽車） V_A 100km/小時　　V_B 100km/小時　B（汽車）

－100km/小時－100km/小時＝－200km/小時
看起來就像以200km/小時的速度靠近。

LESSON 4

什麼是
「慣性系統」？

🕐「光的相對速度」永遠不變

那麼，這個相對速度跟相對論有什麼關係呢？
……話說回來，兩者都有「相對」2個字呢（笑）。

惠理，妳發現了一件非常重要的事情喔。
其實相對論這個理論，可以說就是為了研究**「光的相對速度」**才誕生的也不為過。

什麼意思？

讓我一步步慢慢說明。
首先，當觀測者處在一個靜止不動，或者以固定速度朝同一方向持續移動（等速直線運動）的物體上時，我們就稱其處在一個**「慣性系統」中**（※若要使用更正確的

術語，則是慣性坐標系）。

譬如把球放在一輛保持等速前進的電車上，那顆球是不會滾動的。

還有，假如無視摩擦力的話，一旦推動那顆球，則那顆球將保持初始的速度永遠滾動下去。

總而言之，只要不施加外力，一個物體將永遠處於靜止或等速直線運動的狀態，這個定律就叫**「慣性定律」**。

而當一個特定環境中的物體運動符合慣性定律時，這個環境就是慣性系統。

 意思是在加速中的電車上，慣性定律就不成立了嗎？

 沒錯。譬如在電車剛起步的時候，假如地板上原本放著一顆靜止的球，那顆球就會朝電車前進的相反方向滾動。

這種情況稱為「非慣性系統」。而在本書我們只討論「慣性系統」的部分。

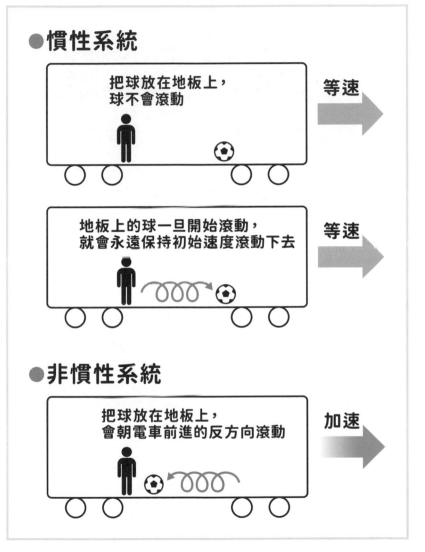

●慣性系統

把球放在地板上，
球不會滾動

等速

地板上的球一旦開始滾動，
就會永遠保持初始速度滾動下去

等速

●非慣性系統

把球放在地板上，
會朝電車前進的反方向滾動

加速

光從
「所有慣性系統」
看來速度都一樣

🕐 所有人看到的光速都一樣快

 那個「慣性系統」，又跟光有什麼關係呢？

 光的速度可以用電磁學的馬克士威方程組推導算出。然而，科學家們卻一直無法確定「光速是否在任何人看來都一樣快」。

然而，愛因斯坦卻主張**「光在所有慣性系統中都以 30 萬 km/秒的速度行進」**，以此前提建立了相對論。

 嗯，果然一加入專門術語就聽不太懂了！

 簡單來說，愛因斯坦認為**「即使 2 個人以不同速度移動，他們看到的光速也一樣快」**。

以不同速度移動……用剛剛的例子來說，就像是一個人坐在新幹線上，另一個人坐在汽車上嗎？

 正是如此。也就是說「一個人不論坐在新幹線上，還是坐在汽車上，所看到的光速永遠不會改變」。

 咦？換句話說，剛才學到的**「相對速度」公式對光速完全沒有意義**嗎？

 簡單來說就是這樣！
剛剛我們說過光速是30萬km/秒。
我想惠理妳應該把這個速度想成跟新幹線或汽車的時速一樣，是「靜止不動的人看到的速度」吧。

 一般來說所謂的速度不就是那樣嗎……。

 然而，光速卻是**不論是靜止不動的人，還是高速移動的人，看起來都是30萬km/秒**。

⏰ 無論以多快的速度發射，光速永遠不變

另外，不論用多快的速度發射光線，也無法讓光跑得更快。

咦!?這又是什麼意思!?

譬如，假如有個人從一輛以時速100km前進的汽車上，用時速100km的球速往前投出一顆球。

此時，在旁邊靜止不動的人看來，這顆球的速度會是時速100km加時速100km，以時速200km的速度飛行。

就跟剛剛的相對速度是一樣的算法呢！

沒錯。

那麼，假如從一架以10萬km/秒的速度移動的火箭上發射一道光，請問這道光的速度會是多少呢？

30萬km/秒加10萬km/秒……是40萬km/秒！

可惜！妳答錯了！

咦咦，為什麼!?

 我們說過，光「不論從哪個慣性系統中觀測，永遠是以 30 萬 km/秒的速度行進」。

然而，由於光永遠保持相同速度，所以就算是朝相同方向前進，不論發射點原本的速度有多快，光也永遠只會以 30 萬 km/秒的速度移動。

這就是狹義相對論的前提「光速不變原理」。

 「不論以多快的速度移動，觀測到的光速也永遠不會改變」，這件事好難想像喔……。

 是啊。因為這與我們平時對物體運動的感覺有極大差異，所以大多數人應該都無法想像。

 這也就是老師你前面提過的「違背日常感覺的事實」對吧。

⏰「光速」如此「特別」的原因

 順便問一下，這世上存在比光更快的東西嗎？

 目前還沒有發現比光更快的東西。同時，光速也被認為是宇宙中所有物體的速度極限。

 意思是，光速就是最快的，是嗎？

 差不多就是這個意思。更精準地說，是「**30萬km/秒就是這個宇宙的速度極限**」，而光可以用這個速度移動。

 原來速度還有極限啊？

 這部分稍微牽涉到專業的領域。以物理學的說法，**所謂的「質量」就是「使物體發生運動的困難程度」**。
而因為**「光」的質量是「零」**，所以才會出現這樣的特例。故一般認為**對於「質量不為零的物體」，不論再怎麼接近光速，也不可能以光速移動**。

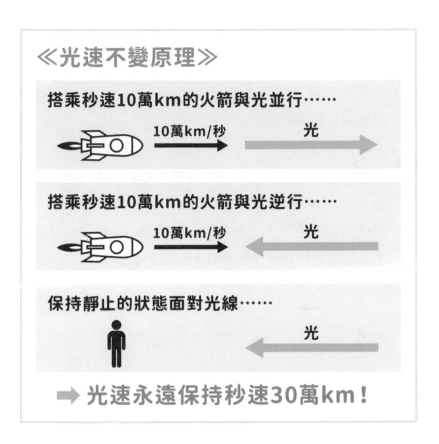

≪光速不變原理≫

搭乘秒速10萬km的火箭與光並行⋯⋯

10萬km/秒　　　　　光

搭乘秒速10萬km的火箭與光逆行⋯⋯

10萬km/秒　　　　　光

保持靜止的狀態面對光線⋯⋯

光

➡ 光速永遠保持秒速30萬km！

🕐 首先接受這個事實

 光速是最快的意思，就是說「**不存在比30萬km/秒更快的速度**」對吧。

沒錯。故 30 萬 km/秒這個數值，就是**速度的極限值**＊。

 就算對向而行也不會超過 30 萬 km/秒，嗯……。感性上很難接受這件事呢。

 到目前為止，基本上還沒有任何一個實驗能顛覆這個原理。

首先請接受它是「正確的」，然後我才能繼續向妳介紹由這個前提推導而出的更具衝擊性的事實喔。

＊然而另一方面，相對論並未否定初速超越光速的物體的存在。

LESSON 6

以光速移動時 不能「自拍」？

🕐 以「光速」移動時，看到的光又是什麼樣子？

 我突然想到1個問題。假如我以光速移動的話，能不能用手機自拍呢？

 惠理，妳問了個很有趣的問題喔！
其實，愛因斯坦在16歲的時候也曾經有過「以光速移動時，有沒有可能在鏡子裡看到自己的臉？」的疑問。而這個問題正是他後來整理出相對論的契機。

 畢竟在愛因斯坦的那個時代，智慧型手機還沒出現嘛（笑）。

 如果相對論是誕生在現在的話，或許愛因斯坦會改用「自拍」來思考也說不定呢。

回歸正題，這個問題牽涉到2個命題。

> **1. 所有人觀測到的光速都是30萬km/秒**
> **2. 光不論以多快速度發射，永遠保持30萬km/秒**

因為光不會加速，所以乍想之下，**當妳以30萬km/秒移動時，從妳臉上反射出的光，應該也會以30萬km/秒的速度移動。**

假如這個推論正確，那麼理論上我們永遠不可能在鏡子裡看到自己的臉。

 唉嘿？我問得很好嗎？

 解決這個問題的關鍵，在於**「所有人觀測到的光速都是30萬km/秒」**這一點。

 唔嗯……什麼意思啊？

因為光**不論由誰**觀測，速度都保持不變。所以，**即使妳以光速移動，從妳臉上射向鏡子的光，在妳看來依然是以30萬km/秒的速度前進**。

所以說……**不論我以何種速度前進**，「依然會看到從我臉上反射的光以30萬km/秒的速度直線前進」是嗎？

一點也沒錯！
然而現實中，因為妳是具有質量的物體，所以永遠不可能達到光速。
因此更正確的說法是，「即使妳以無限接近光速的速度移動，依然會看到光以光速移動」。

LESSON
7

狹義相對論
的指導原理

「光速不變原理」的重點

 以上談的就是光速不變原理的概要，但相對論的基礎原理除了光速不變原理外，其實還有 1 個，那就是**狹義相對性原理**。

 又出現看起來很難的名詞了……。

 別擔心。

這個原理簡單來說，其實就是**「物理定律在任何慣性系統中都不會改變」**的意思。

舉例來說，如果妳被關在完全看不到外界，也完全不會晃動的電車內，請問妳能感覺得出自己是否「在移動中的電車內」嗎？

假如這輛電車以等速運動，照理說妳往上丟球，球會直

直落下；不論妳在車內如何跑跳走動，感覺應該都會跟在車外的靜止世界沒有任何差異。

的確是這樣呢。

換言之，我們可以說「不論物體運動中還是靜止，都不影響物理法則的運作」。

如此一來，我們就完成所有推導相對論的準備工作了。

最後整理一下相對論的指導原理。

狹義相對論的前提

1. 光不論在任何慣性系統中觀測，速度都是30萬km/秒

【光速不變原理】

2. 不論在任何慣性系統中，物理定律都不會改變

【狹義相對性原理】

第 2 章

什麼是
「同時性的相對性」？

「時間」和「空間」
其實不是「絕對的」?

🕐「速度」是由時間和距離決定的

光速不管由誰觀測都是固定的,直覺上真的是一件很不可思議的事呢。

是啊。

然後,根據「光速在任何慣性系統中都保持不變」這個假說,還可以預測出「運動中物體的時間和距離會改變」這個非常不可思議的現象。

不是在討論光速嗎?為什麼會突然跑出「時間」和「距離」呢?

因為「速度」就是由下面的公式計算得出的。

「速度＝距離 ÷ 時間」

這個公式在開車之類的日常生活的活動中也常常會使用到呢。

🕐 若以「光速」為基準，
則「時間和空間」是會變動的

請仔細看看這個公式。要計算出「速度」，就一定要填入「距離」和「時間」這2個值。

的確是這樣。
如果不知道移動的「距離」，還有移動所花費的「時間」，就算不出「速度」呢。

是的。
所謂的「速度」，原本是由「距離」和「時間」這2個概念所「衍生」出來的東西。

衍生出來的……？

 也就是說，人們原本認為「距離」和「時間」才是絕對的存在，而「速度」是藉由測量這兩者來決定的。

 ……聽你的語氣，難道後來發現不是這樣嗎？

 在愛因斯坦的「光速不變原理」中，距離和時間不是主角，光速才是絕對不變的東西。

換言之，以光速來看，**30萬 km/秒這個值才是固定不變的，相對的距離（空間）和時間則是可變的東西**。

 空間和時間是可變的……？不好意思，我完全聽不懂你在說什麼耶……哇哇哇哇哇。

 別擔心，**我會一步步解釋清楚的，妳不用心急（笑）**。

首先，為了幫助妳更容易理解這個現象，下面讓我們用畫圖的方式來說明吧。

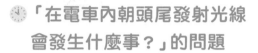
「在電車內朝頭尾發射光線
會發生什麼事？」的問題

首先，假設有輛等速直線運動的電車。我們在這輛電車的正中間安裝1個光源（光的發射器），然後在電車的頭尾各安裝1個檢測光線的機器（偵測器）。

意思是從電車正中間發光，然後讓頭尾兩端的偵測器進行檢測，是這樣嗎？

正是如此！然後，我們讓觀測者Ａ君站在電車內光源的正後面。

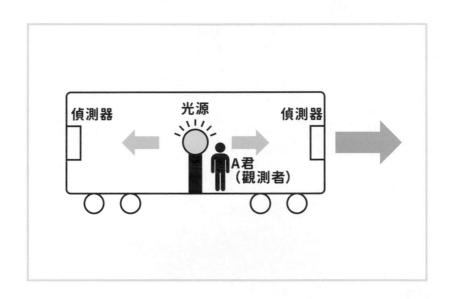

 接著，我們再讓 B 君站在電車外面，從外面觀察電車裡面的情況。

然後，開啟光源，讓光線朝電車的頭尾兩端前進，射向偵測器。

那麼問題來了，請問這個時候，哪一端的偵測器會先偵測到光線呢？

 呃呃……。

 首先，讓我們從電車內 A 君的角度來看。

A 君是以等速直線運動，所以是在慣性系統內。

而根據狹義相對性原理，電車內發生的物理現象應該跟
靜止系統是一樣的。

換句話說，我們不需要想太多，因為光源與電車頭尾兩
端偵測器之間的距離相等，所以光應該會同時到達，這
麼想沒錯吧？

一點也沒錯。

然而，如果是從電車外面觀測的 B 君視角，**事情就有點
不一樣了。**

根據光速不變原理，在 B 君看來，朝電車頭尾兩端前進
的光都是以 30 萬 km/ 秒的速度前進。

嗯，這個概念我已經稍微習慣了！
也就是說，在 B 君看來光線也是同時到達對吧!?

噗噗，答錯了。

因為電車是朝前方運動，所以電車尾端的偵測器會迎面
跑向光線，而電車頭的偵測器會遠離光線。
請問這樣會發生什麼事呢？

車尾的偵測器會先碰到光線……。

 一點也沒錯！

「同時」並不是絕對的概念

 這樣的話，意思是**「對A君而言光線是同時到達，但對B君而言卻不是同時」**嗎？

 沒錯！
事情變得有趣起來了對吧！

在電車內的A君看來，
光線是「同時」到達頭尾的偵測器

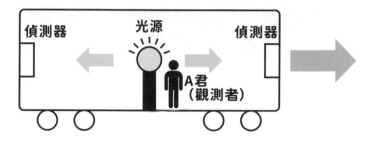

B君
（電車慣性系統外的人）

在電車外的B君看來，
光線是「先後」到達頭尾的偵測器

A君和B君的「同時」是不一樣的！！

把前面說的整理一下，就是下面的結論。

★在電車內的Ａ君看來，光線是
　「同時到達電車頭尾」
★在電車外的Ｂ君看來，光線是
　「先後到達電車頭尾」

咦!?
呃呃，這到底是怎麼回事啊？

簡單來說，Ａ君和Ｂ君**兩人的「同時」並不是一樣的東西**。

明明觀測的東西是相同的，但以結果來看時間卻是不同的……。是這個意思吧……。

這個現象在相對論中被稱為**「同時性的相對性」**。
我在上課時，也會使用到「同時性的相對性」這個名詞。我個人認為這是最精準的說法。

換言之，「同時」這個概念本身，也會隨著不同慣性系統而改變。

 哇……。太不可思議了……。

 只要「光速不變原理」和「相對性原理」兩者同時成立，就必然會得出這個結論。

這是要理解狹義相對論所不可或缺的重要概念喔。

LESSON
3

明明是「同時發生」
卻不是「同時」

 在慣性系統外，「同時」也會變動

在剛剛的例子中，當Ａ君看到光到達偵測器時，在Ｂ君眼中光卻還沒到達偵測器，是這樣對吧？

意思是，Ａ君那邊的光到達偵測器的時間，跟**光被Ｂ君「看到」**的時間有時間差嗎？

不是的。這裡我們並不考慮「Ａ君那邊的光到達Ｂ君眼睛的時間」。即使假定Ａ君和Ｂ君都能在現象發生的瞬間觀測到現象，本該「同時」發生的現象也「不同時」發生。

所以說，**兩人的「同時」不一樣是鐵錚錚的事實**對吧？

沒錯！

「同時發生」的現象，在別人的眼中看來卻「不是同時發生」，這件事要用我們的日常經驗來理解是相當困難的呢。

然而，只要光速不變原理成立，且相對性原理也成立的情況下，那麼在**結果上就有可能發生這樣的現象**。

雖然我不太知道怎麼用言語表達，但這真的太超乎日常經驗了。

我們平常總相信「同時」是一個絕對不變的概念。

然而，儘管大多數人可能都認為所謂的「同時」就是任誰看來都是在同一時間發生的意思，但是根據同時性的相對性，事實上就**連同時這件事本身也可能每個人有不一樣的感受**。

所以說，「對我而言的同時」，有可能不是「對其他人而言的同時」。

只要認同「光速不變」這件事，就會導致這樣的結果嗎？

是的。根據速度公式，速度可以用「距離」和「時間」求得。

然而，**如果「光速是不變的」，那麼「距離」和「時間」就必須是可變的**。藉由這次的思考實驗，妳應該比較容易接受這個理論了吧。

「絕對時間」不存在？

確實，假如「光速在任何慣性系統中都不變」，那「同時」這個概念的確會出現不一致……。

在相對論誕生前，人類一直以為宇宙中存在「絕對的時間」，且宇宙萬物共有著相同的時間。

然而，如果是在光速不變原理成立的基礎上，就不得不接受**「連同時這件事都不是絕對，而是相對的」**這個令人驚訝的事實。

LESSON 4

所以說，「同時性的相對性」到底是什麼意思？

🕐 如何在感官上理解「同時性無法共享」

經過老師的講解，我勉強在理性上理解「同時性的相對性」了。可是，要在感官上搞懂這件事，感覺還要花費一段時間……。

確實，「同時性無法共享」這件事，在感官上確實很讓人莫名其妙呢。
既然如此，讓我們來做個思考實驗吧。

思考實驗？

沒錯！
「同時性無法共享」雖然很難想像，但「同位置性無法共享」這件事，在直覺上就很好理解對吧？

同位置性無法共享？

我們的日常生活中有這種東西嗎？

譬如說，假設我搭乘在某輛電車上，而妳則站在月台從外面觀察。

就像剛剛的Ａ君和Ｂ君那樣吧？

然後，當我在車裡「連續拍手」時，請問會發生什麼事呢？

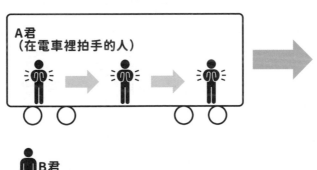

A君
（在電車裡拍手的人）

B君
（在電車外觀察的人）

對在向前行駛的電車上拍手的A君而言，自己始終站在原地拍手；但對在電車外的B君來說，A君每次拍手的地點都在改變。

也就是在行進中的電車上拍手對吧？

假設我在這輛行進中的電車上拍手3次。因為電車一直在前進，所以按理說我每次拍手的時候，位置都會不一樣對不對？

的確是如此。

可是，對在電車上的我而言，我卻從頭到尾都只是站在原地拍手而已。

真的耶。我明白「同位置性無法共享」的意思了。

這樣妳就可以切身感受到了對吧？
而時間也會發生類似這樣的現象，這就是狹義相對論想要表達的事。

相對論是「時空間的物理」

 對於時間和空間，我們平時都習慣把這兩者分開來思考。

然而，相對論卻是把時間和空間的概念融合，成為了1個概念。

 我感覺在我的大腦裡，對時空的舊有觀念也在崩塌！

 這就是為什麼相對論被稱為「時空間的物理」。因為相對論把過去被人們分開來思考的「時間和空間」，當成對等的東西來看待。

 可是，「同時性不一致」這件事如果連續發生好幾次的話……。

 妳的觀察力很敏銳喔，惠理。接下來，我們馬上就要開始講解相對論中最有名的部分——「時間膨脹」了！

「同時性的相對性」
總整理

1. 光的速度在任何慣性系統中都保持不變

2. 在不同的慣性系統中，觀測者對「同時」的感覺不一定是一致的

3. 「同時性」會隨著慣性系統而改變，是相對的事物
【同時性的相對性】

第 3 章

什麼是
「時間膨脹」？

LESSON 1

我們每個人
都活在不同的
「時間軸」？

🕐 從「同時性的相對性」繼續推演

 話說回來，沒想到從「光速不變」這個命題，居然能一路推演，徹底改變「時間和空間」，真讓人驚訝……。

 的確，正常人都會感到驚訝呢。

對了，還記得我們前面說過，「速度」這件事可以用下面的公式來表達嗎？

「速度＝距離 ÷ 時間」

 是！至少這個我還記得住（笑）。

也就是說，在過去，我們一直以為**「速度」是由「距離」和「時間」決定的衍生性概念**。

 這件事在第2章也提過呢！

 因為距離和時間是所有在地球上的人所共有的經驗，所以人們才認為「距離是絕對的存在，而時間也是全宇宙共享的東西」。

 的確，正因為大家都活在相同的空間和時間裡，這世界才能正常地運作……。

 妳說得沒錯。在愛因斯坦之前，所有人都以為這個世界、這個地球、乃至於整個宇宙的時間，都是用相同的速度在流逝。

 可是相對論卻發現「『同時』這件事不一定所有人觀察到的都一樣（不一致）」……。

 妳的洞察力愈來愈敏銳囉，惠理。那麼，如果「同時性的不一致」這現象連續發生的話，又會有什麼結果呢？從本節開始，我們就要來介紹相對論中最有名的部

分——「時間膨脹」。

用畢氏定理算出「時間的膨脹」

 這次也能夠不用艱澀的算式來講解嗎？

 那當然！
正好機會難得，這裡我們就用國中數學教過的「畢氏定理」來解說吧。

 畢氏定理，就是課前準備的部分提過的那個對吧……。

 簡單複習一下，所謂的畢氏定理就是對於一直角三角形，若斜邊為c，另兩邊為a和b時，a、b、c會滿足下列公式。

$$c^2 = a^2 + b^2$$

 對對對！就是這個！

🕐 用電車的例子，思考「時間膨脹」這件事

 這回我們同樣用稍微有點奇怪的電車實驗來思考。

 又是電車嗎！（笑）

 因為要思考等速直線運動的情況，用電車最好理解嘛（笑）。

 那，這次是什麼樣的電車呢？

 這次我們要想像有輛天花板非常高的電車，用它來思考狹義相對論所說的「時間膨脹」。

 天花板非常高的電車，是嗎？

 請看看下一頁的圖。
這次就跟「同時性的相對性」一樣，要運用光速來思考，所以同樣準備了1個光源。

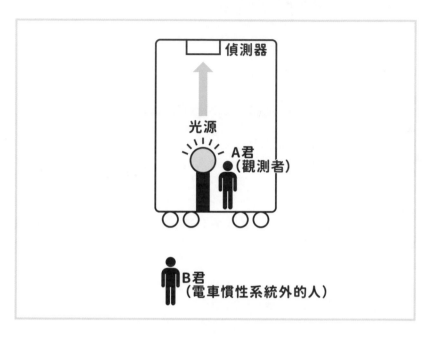

 跟上次不一樣，是輛很高的電車呢。

 沒錯。

然後，Ａ君站在那個光源的正後方負責觀測。

 真的是跟上次一模一樣的實驗呢……（笑）。

 此時，由於Ａ君是等速運動的狀態，所以他在電車內觀察到的所有物理現象應該都跟靜止不動時相同。

這次要思考的是光線往上射的情況嗎？

 一點也沒錯。
我們要把光線往上發射，然後用裝在天花板上的偵測器進行偵測。

 此時光線會正常地用光速到達天花板對吧？

 是的。因為只要把Ａ君想成靜止狀態即可，所以光線會依正常狀態用光速到達天花板。
此時，我們以T_A來表示Ａ君觀察到光線發射至天花板所花的時間。

 意思是花了T_A秒到達天花板的意思吧？

 就是這個意思，T_A可以填入１秒、２秒等具體的數字來思考。
這裡，我們用１個字母來代替光速。

 咦!?但光速就是30萬km/秒吧？

 妳說得沒錯。

不過，因為光速不管由誰來看都是30萬km/秒，所以為了簡化計算，不妨乾脆用「c」來代替。

有人說，c是電磁學中有名的「韋伯常數（Weber's Constant）」的c，也有人認為是拉丁語「celeritas（速度）」的簡寫。

 也就是說，c＝30萬km/秒嗎？

 沒錯。

接著，我們再來想想光源到天花板的距離吧。

🕐 計算「時間的膨脹」！

 要計算距離，只要利用「速度×時間」就能算出來，所以光源到天花板的距離可表示為：

$$\text{光源到天花板的距離} = c\text{(光速)} \times T_A\text{(時間)}$$

故光源到天花板的距離就是 cT_A。

雖然看起來有點複雜，但簡單來說就是速度乘以時間對吧？

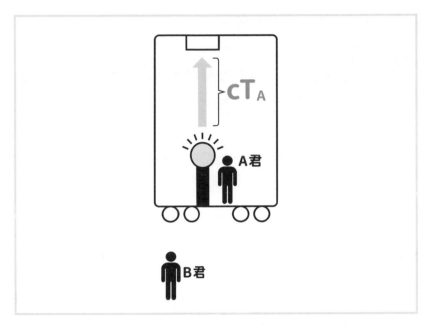

 因為是用符號表示，所以看起來可能比較難懂，不過的確就是「速度×時間」。

 太好了，這樣的話我還跟得上（笑）。

 然後，就跟剛才一樣，我們讓 B 君站在電車外面觀測。

 又是這種情境啊！

然後，是右頁的圖。

 這次的電車同樣也會動吧？

 這次實驗的電車同樣也是做等速運動，並且為了區分這輛電車的速度和光速，所以我們用大寫的 V 來代表電車速度。

順帶一提，V 即是速度的英文 velocity 的字首。

 這個速度的數值會比 30 萬 km/秒要小對不對？

 是的。

不過，雖然電車的速度低於 30 萬 km/秒，但把電車的速度設定得愈快，思考起來會愈容易。

 那麼，在這輛電車跑起來後要做什麼呢？

 整個實驗從 B 君看到電車內的光向上離開原點開始。

這段期間，電車持續以高速往右方移動，所以電車內的所有事物也都一起處於移動狀態。

在 B 君看來，電車內的光一方面從光源的位置朝偵測器上升，同時因為電車在往右行駛，所以朝著偵測器前進

的光線實際上看起來應該是朝右上方前進。

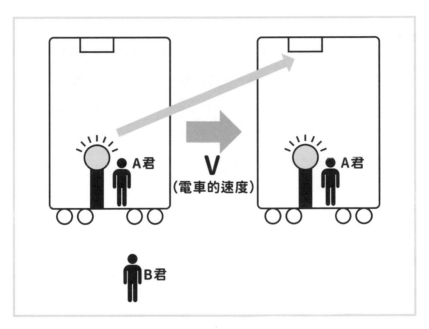

 的確是這樣呢。

 而我們要思考的，則是「此時光線移動了多少距離？」
這件事。

這裡我們可以運用光速不變原理和畢氏定理來計算答
案。

根據光速不變原理，可以知道速度是30萬km/秒對吧？

這裡同樣代入「c（＝30萬km/秒）」來簡化算式。
不只限於A君和B君，光速對所有慣性系統內的人而言都是c。
換言之，不論是移動中的慣性系統，還是靜止的慣性系統，c都是固定不變的值。

因為有光速不變原理的存在。

接著，我們以T_B代表B君看到的光線從光源到達天花板偵測器的時間。
如此一來，就能用「速度×時間」計算出移動的距離。

B君看到的光線移動距離＝ c（光速）×T_B（時間）

由上可知，B君看到的光線移動距離可用cT_B表示。

我還跟得上！

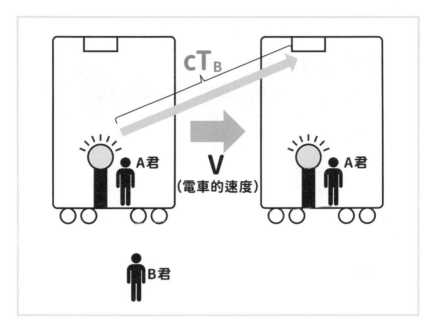

接著，我們再來計算光源橫向移動的距離吧。

由於這輛電車是以 V 的速度橫向移動，所以這輛電車上的光線也會以相同速度橫移。

的確。

那麼，在 B 君看來，光從光源到達偵測器，總共移動了多少距離呢？

呃呃，因為「距離＝速度×時間」，所以

> ### 光源橫移的距離 ＝
> ### V（電車的速度）×T_B（移動時間）

是這樣嗎？

 一點也沒錯！
換言之，這個距離可以寫成VT_B。
讓我們把上述的狀況畫成右頁的圖。

 出現了像直角三角形一樣的圖形！

 沒錯。
結果可以畫出斜邊是cT_B，另兩邊是VT_B、cT_A的直角三
角形。

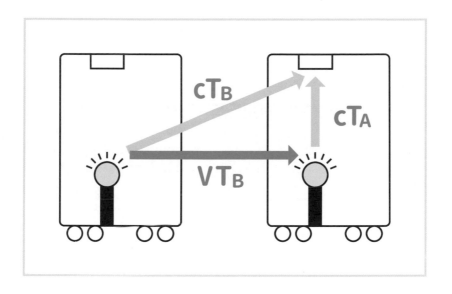

 我有預感接下來要開始算數學了！

 那麼，接著就讓我們運用畢氏定理，計算「時間的膨脹」吧！

95

⏱ 用「畢氏定理」計算「時間的膨脹」

 那麼，到底該怎麼運用畢氏定理呢？

 這裡再複習一遍，畢氏定理就是當有一斜邊為c，另兩邊為a、b的直角三角形時，a、b、c會滿足以下關係式。

$$c^2 = a^2 + b^2$$

 電車的移動距離為a，A君看到的光線移動距離為b，B君看到的光線移動距離為c對吧？

 答得很好，惠理！
那麼，讓我們把算式整理出來吧。

 老師，我們直接把答案寫出來吧！

 不不不，讓我們按部就班來做（笑）。

首先，整理出三邊的值。

a：電車的移動距離(VT_B)
b：光源到天花板的距離(cT_A)
c：電車外的B君看到的光線移動
　　距離(cT_B)

惠理，請將這3個值代入畢氏定理。

咦咦！我來做嗎？

我想想，畢氏定理是「$c^2 = a^2 + b^2$」，只要分別把上面的
符號代進去就行了……。

$$(cT_B)^2 = (VT_B)^2 + (cT_A)^2$$

辛苦妳了，惠理！

那麼，接下去由我繼續解說。

首先，因為有很多 c^2 的部分，所以我們對等號兩邊同除以 c^2 簡化算式。

$$c^2 T_B{}^2 \div c^2 = \{ (VT_B)^2 + (cT_A)^2 \} \div c^2$$

接著再整理上面的式子，可以得到下面的算式。

$$T_B{}^2 = \left(\frac{V}{c}\right)^2 T_B{}^2 + T_A{}^2$$

這裡我們不用「$T_B = \sim$」，而是用「$T_A = \sim$」的形式來表示，所以要再把上式的「$\left(\frac{V}{c}\right)^2 T_B{}^2$」的部分移到 $(T_B)^2$ 這邊。

然後，就變成右頁那樣。

$$T_A{}^2 = (T_B)^2 - \left(\frac{v}{c}\right)^2 T_B{}^2$$

這裡右邊的部分實際上是「$1(T_B)^2 - (\frac{v}{c})^2 T_B{}^2$」，所以可以再把 $T_B{}^2$ 提出來。

$$T_A{}^2 = \left\{1 - \left(\frac{v}{c}\right)^2\right\} T_B{}^2$$

惠理，到這邊還跟得上嗎？

 呃呃，這個嘛……勉勉強強吧……（淚）。

 接著為了把算式改成「$T_A =$～」的形式，要再來計算兩邊的平方根。

 ……平方根是什麼來著（汗）？

 就是平方後會等於某數的數。譬如 4 的平方根是 ±2。這裡我們不需要考慮負的情況，所以只要計算正值，也

就是正平方根就可以了。

我想起來了！

那就繼續吧！
讓我們對剛剛的式子開根號，在等號兩邊各加上1個平方根符號（√）。

$$T_A = \sqrt{1 - \left(\frac{V}{C}\right)^2}\ T_B$$

開根號後，$T_A{}^2$ 和 $T_B{}^2$ 就變成 T_A 和 T_B，然後原本沒有平方符號的部分則加上平方根符號（√）。

呃呃，我開始有點看不懂了！

加上平方根符號（√）就是「請計算該數的正平方根」的意思。
換言之，就是 $\sqrt{4} = 2$。

我想起來了！

 那麼，讓我們整理一遍目前為止的計算！

$$(cT_B)^2 = (VT_B)^2 + (cT_A)^2$$

$$cT_B{}^2 \div c^2 = \{(VT_B)^2 + (cT_A)^2\} \div c^2$$

$$T_B{}^2 = \left(\frac{V}{c}\right)^2 T_B{}^2 + T_A{}^2$$

$$T_A{}^2 = (T_B)^2 - \left(\frac{V}{c}\right)^2 T_B{}^2$$

$$T_A{}^2 = \left\{1 - \left(\frac{V}{c}\right)^2\right\} T_B{}^2$$

$$T_A = \sqrt{1 - \left(\frac{V}{c}\right)^2}\, T_B$$

 老師，這個、會不會太難了啊……？

 計算本身全都是國中學過的數學應用。有時間的話請自己仔細看一遍。

我知道了！不過，總而言之只要使用畢氏定理，就能導出

$$T_A = \sqrt{1-\left(\frac{V}{C}\right)^2}\ T_B$$

這個結果對吧？

 沒錯！
雖然計算過程看起來很複雜，但**只要記住「結果是這樣」就沒問題了**。

 然後，算出這個式子可以做什麼呢？

 首先，希望大家能先特別注意某個地方，那是本節的一大重點喔。

 但每個地方看起來都很難耶……。

 只有 1 個非常容易就能找出來的重點喔。妳再仔細看看。
因為**這個 $\sqrt{1-\left(\frac{V}{C}\right)^2}$ 是 1 減去「$\left(\frac{V}{C}\right)^2$」後的平方根，所以**

可知道一定會「比1小」。

的確,因為是1減去某個數再平方後等於「$1-(\frac{v}{c})^2$」的數,所以確實會比1還小……應該吧?

譬如,假設 $\sqrt{1-(\frac{v}{c})^2}$ 的值是0.5好了。那麼就會得到以下結果。

$$T_A = 0.5T_B$$

代入具體的數字後看起來就好懂多了!

那麼問題來了。請問 T_A 是比 T_B 大呢?還是比 T_B 小呢?

呃呃……,假如 T_B 的值是2,那 T_A 就是

$$T_A = 0.5 \times 2$$
$$T_A = 1$$

對吧？也就是說，T_A 會比 T_B 小嗎？

一點也沒錯！在這個例子中，答案永遠是

$$T_A < T_B$$

所以可以得到「T_A 一定會比 T_B 小」的結論。

這就是本章一大主題「時間膨脹」。

咦？咦？

這就是「時間膨脹」？

因為解釋起來會很冗長，所以這裡我們先回頭看一下剛剛的電車圖。

在這次的例子中，電車內的 A 君看到的光線移動時間為 T_A。

另一方面，電車外的 B 君看到的光線移動時間是 T_B。

也就是說，根據「$T_A < T_B$（T_A 比 T_B 小）」，可得知「**B 君看到的光線移動時間會比 A 君看到的光線移動時間長**」。

感覺起來好像跟第2章講過的「同時性不一致」有點類似呢！

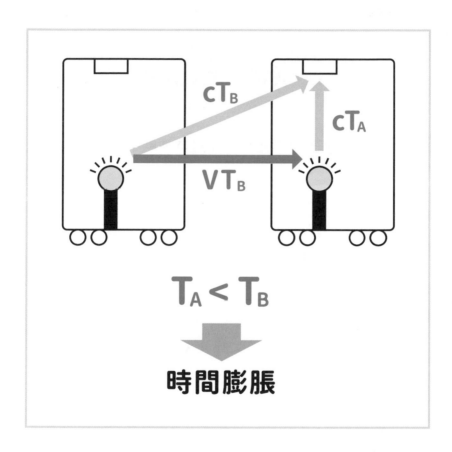

在 A 君看來，光線花費了 T_A 秒到達天花板的偵測器，不過在 B 君看來則是花費了「比 T_A 秒更長的時間」才到達偵測器。

⏰ 實際上什麼情況下時間會發生膨脹？

唔——嗯，老師能不能拜託你用更具體一點的說明解釋呢……。

那麼，我們就用個具體的例子，譬如電車速度 V 為 0.8c 的時候來思考吧。

$$V = 0.8c$$

上面這個算式的意思，就是表示電車以光速的 80% 速度前進。

也就是一輛跑得非常快的電車吧。

接著，我們來算算此時時間膨脹了多少。

 直接套用剛才的算式嗎？

 首先，因為「V＝0.8c」，所以可推得以下結果。

$$V = 0.8c$$

$$\frac{V}{c} = 0.8$$

然後，再把這個值代入剛才用來表示「時間膨脹」的算式。

$$T_A = \sqrt{1-\left(\frac{V}{C}\right)^2}\ T_B$$

$$T_A = \sqrt{1-(0.8)^2}\ T_B$$

$$T_A = \sqrt{1-0.64}\ T_B$$

$$T_A = \sqrt{0.36}\ T_B$$

此時，由於 $\sqrt{0.36}=0.6$，所以答案就是：

$$T_A = 0.6T_B$$

那這個答案又代表什麼呢？

這個答案的意思，就是說 B 君的 1 秒（$T_B = 1$），其實是 A 君的 0.6 秒（$T_A = 0.6$）。

換言之，在 B 君看來，A 君的時間會流逝得比較慢。

0.6秒？

用秒當單位可能比較不好理解。

1秒變成0.6秒，也就是說當B君的手錶走了60分鐘時，A君的手錶只走了36分鐘。

居然差這麼多嗎⋯⋯。

但這必須是在電車以光速的80%速度移動，且持續行進了1個小時的情況下（笑）。

而這就是狹義相對論中所說的**「時間膨脹」**。

LESSON 2

所以說,「時間膨脹」 到底是什麼意思?

為什麼我們感受不到「時間膨脹」?

 的確,使用畢氏定理來算的話,就能明白時間的流速不一致其實是很合理的。

可是,這難道不純粹只是紙上談兵的空論嗎?

 我們在日常生活感受不到「時間膨脹」的存在,其實是有原因的。

 是什麼原因呢?

 因為我們的日常生活中,幾乎不可能看到像前面舉的電車例子裡的「V = 0.8c(光速的80%)」的速度。

當然,如果是在微觀的世界,確實存在很多以這種超高

速移動的存在，不過在我們日常生活的宏觀世界卻幾乎
找不到。

 的確，**就算我拿出全力，也只能跑到 0.5c 左右**而已呢。

 是這樣啊。

 我是在裝傻啦，拜託你也吐槽我一下嘛⋯⋯（泣）。

 先不論妳能不能以超高速奔跑，就算是用音速飛行的噴
射機，秒速也只有「340m/秒」而已。

 跟光速 30 萬 km/秒相比，完全是小巫見大巫呢。

 所以說，我們日常生活中接觸得到的 V，就算是在高速
公路行駛的汽車也只有這樣的等級。

$$V = 0.0000001c$$

幾乎等於0了呢。

 沒錯，幾乎跟0差不多了。
也就是說，

$$T_A = \sqrt{1 - 0.0000001^2}\ T_B$$
$$\fallingdotseq \sqrt{1}\ T_B$$
$$\fallingdotseq T_B$$

兩者幾乎是相等的。
換言之，在我們日常生活中的尺度下，是幾乎感覺不到時間膨脹的。

 原來如此！
所以說，想用接近光速的高速衝刺來避免上班遲到，難度還是太高了嗎……。

 惠理，妳只要早點出門就不會遲到了（笑）。
總而言之，這就是所謂「時間膨脹」的現象。

雖然在感官上很不容易理解，但只要接受「光速不變原理」和「狹義相對性原理」的話，應該就能理解這個神奇的現象了。

⏰ 運動中的人跟靜止不動的人，年齡增長的速度不一樣？

 如果說運動中的物體時間流速比較慢的話，那搭乘一架速度接近光速的太空船到宇宙繞一圈再回到地球，會不會發現地球上的親人都比自己老了很多啊？

 的確是會這樣。

實際上，相對論中把這個現象稱為「浦島效應」。

所以，也有人半開玩笑地質疑「浦島太郎當初騎的那隻海龜，該不會是用接近光速的速度在游動吧？」。

 原來是真的有可能發生的啊……。

 是的。這個話題是相對論的科普書籍中經常會拿出來討論的問題，但我前面都刻意不提及這個話題，其實是有原因的。

這是因為從騎在海龜上的浦島太郎看來，應該會覺得移動的不是自己，反而是陸地上靜止不動的人。

這麼一來，單純思考的話，應該是陸地上的人時間流逝變慢才對，但事實卻不是如此。

這是由於只有浦島太郎經歷了從龍宮返回人世的「折返之路」。

不過，這部分已經超出了本書要討論的範圍，所以只要知道還有這樣的事，剩下的部分可以忘掉也沒關係。

「時間膨脹」
總整理

1. **運動中的物體，時間看起來會流動得比較慢**

   【時間膨脹】

2. **然而，唯有在以「接近光速的高速移動」時，才有可能實際感受到「時間膨脹」**

第4章

什麼是
「長度收縮」？

LESSON 1

相對論中的
「空間」是什麼？

⏰ 如果時間會變的話……？

 那麼下面來聊聊**「長度收縮」**吧！

 這次輪到空間要改變了嗎……（驚）。

 我們在前一章也提過很多次，過去的人們認為速度是由
距離和時間決定的。

然而，在光速不變原理出現後，「速度」變成了固定不變
的東西。

也就是說，科學家們開始反過來思考，把「時間」和
「空間（距離）」兩者合在一起當成 1 個可變項。

 實際上，也的確發生了「時間流逝速度變慢」的現象
呢……。

是的。

而關於「長度收縮」的部分，也同樣可以用畫圖和簡單的數學式來理解。

首先，請想像有1根超級長而巨大，類似曬衣桿一樣的長棍。

哦！這次不是電車，改用棍子嗎！

然後這根棍子上，有輛行進速度為V的電車。

結果還是電車啊（笑）！

雖然我已經隱約猜到了……。

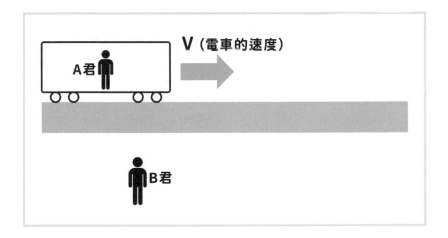

而這輛電車的乘客，就是Ａ君。

 既然有電車上的Ａ君，代表還有1個在電車外觀察的Ｂ君對吧？

 不愧是妳！一點也沒錯。

這裡讓我們把焦點放在這根巨大棍子的長度上。

不過要留意的是，Ａ君看到的棍子長，跟Ｂ君看到的棍子長是有可能不一樣的喔。

● 對電車內的Ａ君而言，棍子的長度是 L_A

● 對電車外的Ｂ君而言，棍子的長度是 L_B

⏰ 用數學計算「長度收縮」！

 首先，假設電車外的 B 君看到電車從棍子的一端跑到另一端所費的時間為 T_B。此時這輛電車的速度等於距離 ÷ 時間，可寫成下面的算式。

$$V\,(電車速度) = \frac{L_B\,(棍長)}{T_B\,(時間)}$$

 OK，看得懂！

 接著我們再來想想 A 君的視角。由於電車的速度 V 在兩人眼中應該都是一樣的，

$$V\,(速度) = \frac{L_A}{T_A} = \frac{L_A\,(A君看到的棍長)}{T_A\,(A君看到的時間)}$$

所以可寫成上面的數學式。

速度Ｖ可以理解成Ａ君看到電車自己往棍子尾端靠近的
速度對吧？

 沒有錯。看來妳已經相當習慣對相對性的思考了呢。那
麼，接下來我們利用這個式子來計算L_A（Ａ君看到的棍
長）的值吧。首先，根據前一頁的算式，我們可以得知
下面這件事。

$$\frac{L_B}{T_B} = \frac{L_A}{T_A}$$

此處我們想要的是「L_A＝～」的形式，所以等號兩邊同
乘以T_A，再把等號的左邊和右邊互換。

$$\frac{L_B}{T_B} \times T_A = \frac{L_A}{T_A} \times T_A$$

$$L_A = \frac{T_A}{T_B} L_B$$

到這裡為止都還只是單純把算式變形對吧？

 是的。如果要把這個算式加上敘述的話，就像下面這樣。

$$L_A（A君看到的棍長）$$
$$= \frac{T_A（A君的時間）}{T_B（B君的時間）} \times L_B（B君看到的棍長）$$

 我還跟得上！

⏰ 考慮「時間膨脹」

 這裡我們**再把第3章看過的「時間膨脹」因素考慮進來**。

 啊、差點忘了！
「運動中的Ａ君時間流逝會變慢」對吧！

123

正是如此。

所以我們要使用「時間膨脹」的計算公式。

「時間膨脹」的公式⋯⋯是這個吧！

$$T_A = \sqrt{1-\left(\frac{V}{c}\right)^2}\ T_B$$

沒錯！

這次同樣是Ａ君在移動，而Ｂ君是靜止的，所以可以直接套用這個算式。

而因為Ａ君看到的棍長是：

$$L_A = \frac{T_A}{T_B} L_B$$

所以讓我們把它代入「時間膨脹」的公式。

$$L_A = \frac{\sqrt{1 - \left(\frac{V}{C}\right)^2}\, T_B}{T_B}\, L_B$$

再把分母和分子的 T_B 消掉，

$$L_A = \sqrt{1 - \left(\frac{V}{C}\right)^2}\, L_B$$

即可得到這個結果。

 唔嗯，又開始看不懂了啦——。

 這個算式的變形過程很長，所以感覺可能比較難懂。但妳再仔細觀察一次結果。

這個式子的意思，其實就是說**「Ａ君的棍長」**等於**「Ｂ君的棍長乘以** $\sqrt{1 - \left(\frac{V}{C}\right)^2}$ **」**。

 跟「時間膨脹」幾乎一樣呢！

一點也沒錯！

 既然如此，一開始直接告訴我結果不就行了嗎（笑）。
那麼，從這個式子可以知道什麼事呢？

$$L_A = \sqrt{1-\left(\frac{V}{c}\right)^2}\ L_B$$

 請看看 $\sqrt{1-\left(\frac{V}{c}\right)^2}$ 這個數學式。我們在前一章也說過，
$\sqrt{1-\left(\frac{V}{c}\right)^2}$ 會是一個「永遠小於1」的數，因此可以推論
出下面的結論。

L_A（A君看到的棍長）< L_B（B君看到的棍長）

🕐 **時間會膨脹，空間也會收縮**

 奇怪!?
明明就是同一根棍子，A君看到的長度居然比B君還要
短！

老師，這是不是因為有哪裡算錯了？

這就是本回的主題「長度收縮」喔！

換言之，**在棍子看起來像在移動的Ａ君眼裡，棍長感覺會比較短**喔！

居然有這種事！

這就是「運動中的物體長度看起來會變短」的現象。

在這個例子中為了方便理解，我們用了一根長棍來思考，但實際上就算拿掉棍子單純測量兩點之間的距離，也會產生相同的現象對吧？

譬如說，把2顆小石頭放在相隔1km的地方，對於運動中的觀測者而言，2顆石頭的距離看起來只有990m。

且實際就算沒有那2顆小石頭也一樣，所謂的「長度收縮」更精準地說或許應該叫**「空間收縮」**。

呃呃，我的腦袋現在亂成一團……。

是Ａ君移動使得周圍的空間收縮了，還是因為周圍的空間在移動使得長度看起來變短了，到底哪個才是正確的啊？

問得很好！

其實2種解釋都是正確的。

回到狹義相對論的思想，其實也可以說Ａ君本身靜止不動，是周圍的東西在動，因此周圍（空間）的長度看起來縮短了。

這個現象說得簡單一點就是「運動中的物體看起來會比較短」，而在物理的世界則稱為「勞侖茲收縮」，是個擁有很酷名稱的現象。

🕐 用更具體的方式思考「長度收縮」

那麼，實際上究竟要用多快的速度移動，且又會使長度收縮多少呢？

確實，以具體的數字來看會更有實感呢。那麼，就讓我們用0.6c的速度來想想看這個問題吧！

c就是光速，所以是60%的光速嗎？

是的。

下面就一起來計算看看當速度是60%光速時，「長度收縮」的幅度究竟有多大吧。

首先A君觀察到的空間長度是：

$$L_A = \sqrt{1 - \left(\frac{V}{c}\right)^2} \, L_B$$

對吧。

然後，把0.6c代入 $\sqrt{1 - \left(\frac{V}{c}\right)^2}$ 的「V」，

$$L_A = \sqrt{1 - \left(\frac{0.6c}{c}\right)^2} \, L_B$$

$$= \sqrt{1 - (0.6)^2} \, L_B$$

$$= \sqrt{1 - 0.36} \, L_B$$

$$= \sqrt{0.64} \, L_B$$

$$= 0.8 L_B$$

就能得到以上結果。

也就是說……？

也就是說，

L_A（A 君以 0.6c 的速度移動時看到的距離）是
L_B（靜止不動的 B 君看到的距離）的 0.8 倍。

換言之，靜止不動的 B 君看到的 1km，在用 0.6c 的速度
移動的 A 君眼中會變成 800m。

這就是「勞侖茲收縮」，也就是「長度收縮」的具體計算
範例。

🕐「長度收縮」真的會在現實中發生嗎？

1km 變成 800m，縮短了好多喔。一下子縮短 20%，電
車感覺都要壞掉了（笑）。

這個「長度收縮」並非物體單獨收縮，而是連同整個空
間都朝行進方向收縮。因此就算長度收縮了，物體也不
會變形損壞。

可是，這麼不合常識的事情，光用數學計算應該很難說
服大多數的人吧？

說不定只是理論上的空談喔。

其實，長度收縮是每天都會在我們的身邊發生的現象。
而且不只是長度收縮，同時還會發生「時間膨脹」。

難道已經有人做過實驗了嗎？

⏱ 以高速墜落的短命粒子「緲子」

那麼，讓我們來聊聊一種每天都會不斷墜落到地表的粒子——「緲子」吧。
首先，地球的大氣層範圍，最高可達離地表幾十km的高空，這點妳知道吧？

是！大氣層的知識我還記得！

在大氣層，包含我們說話的當下，每天都有無數的宇宙射線從外太空飛來。

宇宙戰艦!?是外星人嗎？

是宇宙「射線」（笑）。發音明明就差很多好嗎。宇宙射線指的是以接近光速的超高速移動的粒子。

 原來是粒子啊，嚇了我一跳……。

 這些宇宙射線來到地球後，會先進入大氣層。但大氣層中也存在諸如氮原子等各種粒子。因此，來自外太空的宇宙射線會在大氣層中與其他粒子碰撞、崩壞，並變成其他種類的粒子。
而緲子就是這個過程中產生的粒子。

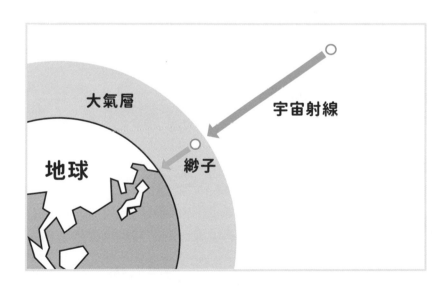

 這種粒子有什麼特別的呢？

緲子產生後，會直接朝地表墜落。但事實上，這種粒子的壽命非常短，大概只有2微秒左右。

 微秒……？

 微（micro）就是100萬分之1的意思，所以就是100萬分之2秒，幾乎等於只有一瞬間的壽命。而在這一瞬間之後就會崩壞。

但另一方面，由於緲子的質量幾乎等於零，所以會以光速的99.97％速度墜落。

 那真的很快呢！

 幾乎就等於光速了。

所以，此時不能無視相對論的效應。

 因為相對論要討論的就是這個層次的物理現象啊。

 那麼問題來了，請問緲子在壽命結束前的這2微秒內，總共可以前進多少距離呢？

 呃呃……老師，請直接進入解題環節吧！

因為幾乎等於光速，所以我們就當成30km/秒，單位換算成公尺就相當於用 3.0×10^8 m/秒的速度前進。

而前進的總時間是2微秒，也就相當於 2×10^{-6} 秒，所以答案就是下面這樣。

$$3.0 \times 10^8 \text{m/秒} \times 2 \times 10^{-6} \text{秒}$$
$$= 600\text{m}$$

 意思就是，緲子在崩壞前可以移動600m對吧！

 就是這麼回事。

 那這樣會有什麼問題嗎？

 可是大氣層的厚度遠遠超過600m，如果緲子只能移動600m，理應在到達地表之前就崩壞，不可能到得了地面對吧？

緲子經歷的「時空間」扭曲

 那究竟出了什麼問題呢？

 因為前一頁的計算方式，沒有把相對論的效應納入考量。

譬如，對於站在地面的我們看來，由於緲子是以近乎光速的高速移動，所以時間的流逝速度會變慢，也就是「壽命會變長」。

 大概會變多長呢？

 實際計算後，我們發現當物體以光速的99.97％速度移動時，時間會膨脹約41倍。換言之，緲子的壽命會變成原來的41倍。

因此，它的移動距離也會變成41倍，如此一來就足以穿越大氣層抵達地表了。

 可是，從緲子的角度來看，移動的應該是地球吧？這樣的話，壽命就不會變長了啊……。

妳的腦袋轉得很快呢。

那麼，我們再從緲子的角度來思考吧。

那我想像一下緲子長眼睛的樣子！

不錯的點子（笑）。隨便想像就行了。

從緲子的角度來看，移動的應該是地球和大氣層，而不是自己。

整個大氣層以超高速朝自己衝來，感覺挺恐怖的呢！

恭喜妳這麼快就把自己代入緲子的心境（笑）。

總而言之，如果把緲子當成靜止不動的那方，那麼移動的反而是地球和大氣層，也就是周圍的空間。

而由於移動中的物體長度會縮短，所以大氣層和地球在緲子看起來會朝行進方向壓扁。

以光速的99.97％速度來思考，這個收縮幅度會達到1/41倍。換言之，緲子到達地表需要行走的距離縮短了，因此它還是可以到達地表。

原、原來如此……。

在相對論的世界，時間和空間都不是絕對的，而是隨著「由誰來觀測」而改變標準。而且最有趣的是，不論從誰的角度來計算，都不會得到矛盾的結果。

因為並沒有哪一個觀測者對時間及空間的觀測才是絕對正確的。這就是相對論。

站在地球的角度，是緲子從天而降；而站在緲子的角度，從天而降的卻是地球！你想表達的是這個意思對吧（笑）。

沒錯，這就是所謂的「相對論」！

「長度收縮」
總整理

1. 運動中的物體，長度（空間）會朝行進方向收縮
   【長度收縮】

2. 然而，唯有以「接近光速的高速移動」，才能切身感覺到「長度收縮」

第5章

什麼是「質能等價」？

LESSON
1

原來
「質量守恆定律」
其實是錯的？

🕐「狹義相對論的結論」是什麼？

 我大概了解什麼是狹義相對論了！！

 看來妳似乎很樂在其中呢！
那麼，終於到最後一個主題了，下面我想來聊聊「質能等價」這件事。

 咦？質量和能量……等價？

 所謂的質能等價，就是「質量和能量可以互換」的意思！

 呃呃，果然還是有點聽不懂……。

☀ 從「核分裂反應」認識質量和能量

 那麼，我們先用知名的例子來解釋吧。

這世上有種名叫「鈾235」的原子。這種原子的原子核，

也就是原子的中心一共有235個質子和中子。

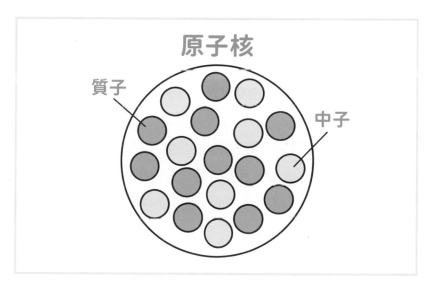

 質子？中子？原子核？

 不用想得太複雜，總之只要想成1個塞滿小顆粒的球狀

物就行了。

啊，所以不用背對吧（笑）。

 原子具有跟某些東西撞擊後就會分裂的特性。
這種現象叫做核分裂，當原子核分裂後，就會變成2個小原子核。

 核分裂⋯⋯。
就是跟核能發電有關的那個對吧。

 此時，若檢查分裂後的2個原子核，會發現存在於原本原子核的質子和中子數量沒有改變。
換言之，含有235個粒子的球狀物跟另1個粒子撞擊後，就變成236個，等於2個原子核的總數相加。

 就是簡單的算數呢！

 用常識來思考，既然質子和中子的數量相同，那麼總質量應該也不會改變。
然而，在核分裂前後，明明質子和中子數量沒有絲毫改變，但分裂後的2個原子核相加的質量卻比分裂前更小。

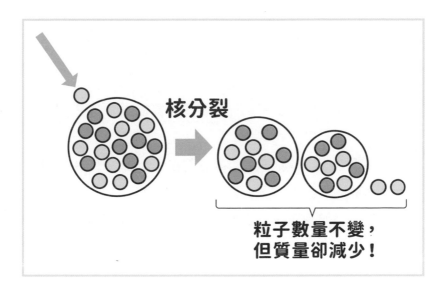

核分裂

粒子數量不變，
但質量卻減少！

 明明粒子的數量相同？

 要說在這個反應中，我們少計算了「什麼」，那就是分裂時產生的能量。

在核分裂發生時，會釋放非常驚人的熱能。

「質量和能量」其實有等價關係？

 明明是在討論質量，為什麼還要計算能量呢？

 讓我們做個假設，想想看是不是「因為沒有計算到能量，數值才會對不上」吧。

如果這個假說正確，那麼理論上消失的質量應該是變成了能量才對。

 用消去法思考，的確只剩這個可能⋯⋯。

 核分裂是使人不禁懷疑質量是不是變成了能量的實驗之一呢。

那麼，我們再來想想反過來的情況！

既然「質量可以變成能量」，那就不禁令人懷疑會不會也有反過來「能量可以變成質量」的情況呢？

 「質量可以變成能量」，總覺得稍微可以想像⋯⋯。

 最直覺易懂的概念，就是「使電子加速」。

舉例來說，電子這種東西，可以藉由給予巨大的能量來

使其加速。

那麼，假如我們不斷賦予電子能量，妳覺得最後會發生什麼事？

電子會加速到接近光速（30萬km/秒）？

沒錯！
因為速度的極限是固定的，所以不論給予多少能量，電子也無法超越光速。

那在電子加速到極限後繼續給予的能量，這些多出來的能量會跑去哪裡？
難道全都白費了嗎？

按照直覺，理論上「給予電子愈多能量，電子速度就愈快，電子擁有的能量也愈多」。
然而，當電子加速到無限接近光速後，不管給予再多能量，電子的速度也幾乎不會提升。

不管給予再多能量，速度也不會變!?
那能量不都白白浪費了嗎？

沒錯。一點也不合乎效益。

而對於「多出來的能量到底跑到哪裡去了？」這個問題，科學家想到的可能性就是**「能量變成了質量」**。

「質量守恆定律」其實是騙人的

 咦咦？

可是，這樣子不就是無中生有了嗎？

 根據一般的經驗，我們對物體施加能量，並不會感覺物體因此「變重」。

但在施加無限的能量後，物體的狀態仍沒有任何變化的話，就可以判斷是「轉換成了質量」。

 唔嗯，有點無法想像……。

 事實上科學家已經證實，對物質施加熱能，也就是加熱的話，雖然變化極其微小，但質量的確有所增加。只不過我們在日常生活中幾乎感覺不到這種變化。

 咦!?

也就是說，**質量守恆定律是騙人的**嗎？

如果採用非常嚴格的測量標準，那麼質量守恆的確可以說是錯誤的。不過，以日常生活所用的測量精度來看，這個質量的變化其實微小到可以忽略，所以也不能說是錯的。

也就是大致上守恆的意思嗎？

若說相對論誕生前的物理學，跟相對論誕生後的物理學有什麼地方特別不一樣的話，那就是「測量精度」。

譬如平常當被問到「體重多重？」時，通常都是回答「60kg」，沒有人會回答「60.0124567kg」這種答案。所以在日常生活所用的精度範圍內，60kg的確是正確的回答。

同理，依照相對論誕生前的精度標準，質量守恆定律並不是完全錯誤。

然而，隨著時代演進，測量精準度日益提升，而在超精密的測量方法下，科學家們才發現質量守恆定律其實是一種近似性的守恆。

那麼微小的質量差異，究竟是怎麼測出來的呢？

測量微粒子質量最常用的實驗方法，就是利用電場或磁場，觀察該粒子的偏移程度。

 所以質量守恆定律，其實是種「反正變化不太大，所以就睜一隻眼閉一隻眼」的定律啊……。

 從這2個實驗可以得知，**「能量和質量是可以互相轉換的」，也就是所謂的等價**。

過去給人感覺沒有什麼關聯性的質量和能量這2個概念，其實有著密不可分的關係，這點在現代已在各種實驗中證實了。

⏱ 計算「質量」擁有的能量！

 那，這跟相對論有什麼關係呢？

 其實，這個「質能等價性」，可以說是狹義相對論中最為人所知的事實。

這次就讓我們一起來思考看看，1g的質量究竟相當於多少能量。

 只有1g嗎!?

我不覺得1g能夠產生多大的能量耶……。

 計算質能轉換的公式，有個很有名的名稱叫「質能方程式」。

說不定妳也看過喔。

質能方程式
$E = mc^2$

 呃——，感覺好像在哪裡看過，又好像沒有看過……。

 這次難得學習狹義相對論，我就順便介紹一下這個方程式的意思。

首先，左邊的「E」就是能量（Energy），右邊的「m」是質量（mass），而「c」就是我們前面已經介紹過很多次的光速。

 這裡也要用到光速啊！

 如果是專攻物理的人，在看到「E」和「m」的時候應該會自動替它加上顏色。

$$E = mc^2$$

換言之，「E（能量）」和「m（質量）」是直接相關的。而連結質量和能量的，就是前面也登場過好多次的光速。而且，還是光速的平方。

咦!?
所以說，能量等於**質量乘以30萬km/秒的平方**嗎？

沒錯。
質量乘以30萬km/秒的平方後的值等於能量。這個公式就是在表達這件事。

這麼說來，呃呃、能量到底會變多大啊!?

總之，我們就來計算看看，一個靜止的1g物體究竟蘊藏多少能量吧。

只要直接把數字代進去就好了嗎？

計算方式是下面這樣。

$$E = mc^2$$

這個式子中的「m」是以「kg」為單位，所以我們要代入 0.001kg，也就是 1×10^{-3}kg。

$$E = 1 \times 10^{-3}\,kg \times c^2$$

而光速是 30 萬 km/秒，所以 c 代入 3×10^8m/秒。

$$E = 1 \times 10^{-3}\,kg \times (3 \times 10^8 m/秒)^2$$
$$E = 9 \times 10^{13}\,J$$

故可計算出能量是「**90 兆 J（焦耳）**」。

「1g」擁有的龐大能量

 90 兆焦耳，大約是多大啊？

 最常舉的例子就是原子彈。

以前在日本廣島投下的原子彈，就是利用了鈾原料的核分裂反應；而那顆原子彈在核分裂反應中消失的質量大約只有0.7g。

 1g 給我的印象大約就是 1 枚 1 圓日幣的重量，沒想到這麼一丁點質量全部轉換成能量，居然可以產生這麼大的威力……。

 是啊。所以說，如果將我們身邊的物質質量轉化成 0，也就是使它們消失的話，就能產生無以倫比的巨大能量。

當然，這只是理論上的設想，在技術上可不可行又是另外一回事。

簡直就是天文數字呢……。

 這數字的確是跟天文學有關喔。

在天文學中,對於「最早的宇宙是如何從虛無中誕生的?」這個問題,就有一派理論認為是「從能量轉換成質量而來」。

 這實在已經超出我的理解能力了……。不過,平常人根本不會想到「物體加熱會變重」呢。

 這點剛剛也提過了,是因為日常生活中的質量變化非常微小的緣故。

妳可以反過來想想看,要憑空生出1g的質量,究竟需要多大的能量呢?

 別突然考我啊……。

 計算公式跟剛剛完全相同。

「90兆 J ＝1g× 光速的平方」

換言之，需要90兆J的能量才能使物體質量增加1g。

光是要增加1g的質量，就需要相當於1顆原子彈等級的能量啊！

換言之，必須要非常巨大的能量，才能產生出可以被我們感知到的質量變化。

所以說，瓦斯爐那一點點小火的熱能，連讓鍋子的重量增加0.1g都辦不到。

這就是為什麼質量守恆定律過去被相信是真理的原因呢……。

根據計算，需要無比龐大的能量才能勉強使物體質量增加1g。

而普通化學反應產生的能量可造成的質量變化，根本就無法被觀測到，或是難以被察覺。

因此，以當時的測量精度才會沒發現任何問題。

話說回來，居然能從光速延伸到物質存在的概念，相對論真的很深奧呢……。

事實上，愛因斯坦當年並非用1本論文就發表了狹義相對論，而是分成了好幾個部分。

以「質能方程式」聞名的「質能等價」，可以想像也是經過了反覆的嘗試和錯誤才發現的。

「質能等價」
總整理

1. **質量和能量是可以互換的**
   【質能等價】
2. **兩者轉換的公式如下**
   $$E = mc^2$$

這樣子，相對論的課程就全部結束了呢！

 是啊，關於狹義相對論的概要部分，到這邊妳應該已經大致理解了吧？

 話說回來，既然有「狹義」的話，那就表示也有「廣義」的部分嗎？

 事實上，還有1個非常重要的東西，是我們前面所教的「狹義相對論」無法處理的。

 是什麼呢……？

 就是重力。而把狹義相對論和重力理論統合起來的理論，就是「廣義相對論」。

 接下來輪到重力了嗎！

 其實，廣義相對論完全能涵蓋狹義相對論的內容，而狹義相對論只是廣義相對論的某種近似理論。所以說，狹義相對論是相對於「廣義」相對論，用來處理某些「特殊情境」的理論。

的確，感覺要理解這個宇宙的物理法則，重力會是一個非常重要的主題呢！

 廣義相對論將重力解釋為時空間的扭曲，大大改變了人類對這個世界的認識。

妳有興趣的話，也請一定要自己去讀看看喔！

 我才不想拋棄自己的青春呢──（汗）。

特別課程

用時空圖
理解相對論

用時空圖
將「時間和位置」
視覺化

 用時空圖將「時間」和「位置」視覺化

 Takumi老師，不好意思拖到現在才說，其實光從光速不變原理和相對性原理，我還是沒法理解「同時性」為什麼會不一致……。

 那麼，為了讓妳更容易從視覺上理解，我來教妳畫**「時空圖」**吧。
如果還是感覺很難懂的話，忘記也沒關係。

 我知道了！
可是，「時空圖」是什麼啊……？

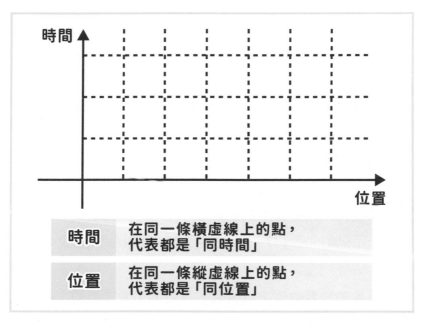

| 時間 | 在同一條橫虛線上的點，
代表都是「同時間」 |
| 位置 | 在同一條縱虛線上的點，
代表都是「同位置」 |

 時空圖是種可以幫助我們理解相對論的好用圖表。

這種圖雖然在科普類型的書籍上比較少看到，但我想只要畫出時空圖，妳就會感覺「同時性不一致一點也不奇怪」了。

 這個時空圖，怎麼這麼多虛線啊……。

 首先，縱軸是時間，橫軸表示位置。

因此，在縱虛線上的點全部都是「同位置」，而在橫虛線上的點全部是「同時間」。

靜止物體的時空圖

譬如讓我們想像桌子上有1顆蘋果,而妳站在桌子的旁邊觀察那顆蘋果。

妳覺得這個時候的時空圖應該怎麼畫?

因為蘋果是靜止不動的狀態,所以「在時空圖上也是靜止不動的1點」?

蘋果的位置的確沒有改變,但時間是會流逝的,所以點在時空圖上會朝垂直方向移動。此時,由於位置不變,只有時間改變,因此點會從原本在時空圖上的位置不停垂直往上升。

原來隨著時間經過,點會一直往上走啊。

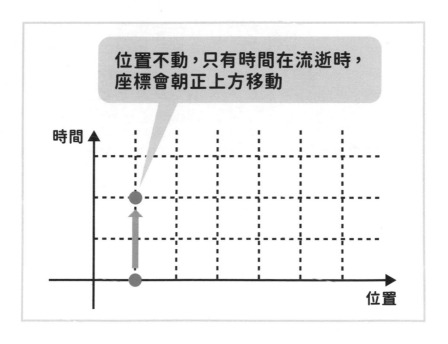

時空圖會隨
慣性系統改變

 光在時空圖上的表示法

這張時空圖的縱軸1格就代表1秒，橫軸1格則代表
30萬 km。

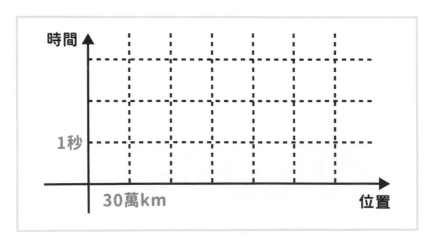

光線是以每秒30萬 km 的速度移動，因此每經過1秒，
在時空圖上就會朝正或負（左或右）45度角的方向移動

1格。

換言之，如果移動速度小於30萬km/秒，該線的角度就會大於45度（因為1秒的前進距離小於30萬km）。

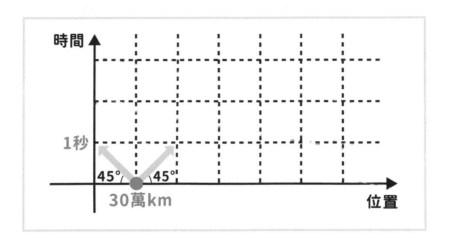

 那大於30萬km/秒的話……啊、差點忘了沒有東西可以比光速更快呢（笑）。

 一點也沒錯！

在電車內看到的時空圖

 那麼，第2章的電車例子畫成時空圖會是怎麼樣呢？

 問得好，那我們就分別來看看「在電車內觀察光線的Ａ君」和「在電車外觀察光線的Ｂ君」這2個人各自的時空圖吧！

我們把Ａ君的時空圖，稱為時空圖Ａ。

電車的前端和尾端的移動分別如右頁的圖所示。

 在Ａ君看來，**電車的前端和尾端都沒有在動**對吧？

 沒有錯！

在Ａ君看來，不管經過多少時間，前端和尾端都保持不動，所以在時空圖上是朝正上方移動。

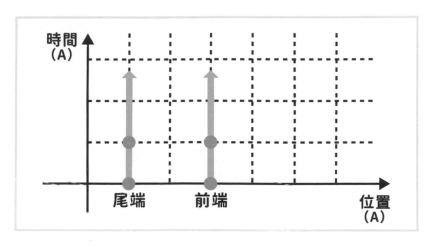

 所以只有時間的部分在移動對嗎？

 就是這樣。

接著，我們再來看看從電車中央光源所射出的光線吧！

因為光源在電車的正中央，所以位置是前端和尾端的中點。

光的移動速度永遠是30萬km/秒。惠理，請問光在時空圖上會如何移動呢？

 斜45度吧！

 答對了！

此時，要注意有朝前端前進的光和朝尾端前進的光。

換言之，要從光源的位置，畫出往前後2個方向、以45度角前進的線。

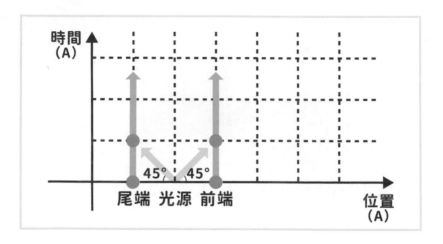

 而前端和尾端的直線跟代表光的直線的交點，就是光線到達偵測器的時間，對不對？

 很棒喔，惠理！
請觀察光線跟尾端的交點以及跟前端的交點。2個點在縱軸上的座標是一樣高的對不對？

 在縱軸上的值相同，就代表兩者是「同時」到達偵測器，我說得對嗎？

沒錯。

這就是跟著電車一起移動的Ａ君所看到的情況。

🕐 電車外看到的時空圖

我本來覺得時空圖看著很陌生，還以為會很難懂，但習慣之後卻很好理解耶……！

問題在於同一個現象於電車外的Ｂ君眼中的情況。

讓我們把時空圖畫出來比較一下吧！

Ｂ君所見的電車前端和電車尾端的移動狀態如下頁的圖所示。

由於電車移動的速度低於光速，所以**電車的前端和尾端會以大於45度的角度**往上。

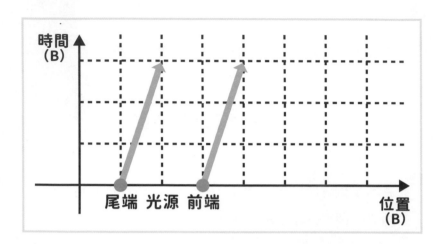

 跟Ａ君看到的不一樣，是斜線呢。

 是的。

因為位置有移動，所以橫軸座標也會動。

然後，由於前後端的速度想當然耳是相同的，所以兩者的角度也會一樣。

 也就是平行線對嗎？

 沒錯。

 光源同樣在前端和尾端的正中間，所以位置也跟前一張圖一樣對吧？

就是這樣！

那讓我們把朝前後端移動的光線也畫出來吧！

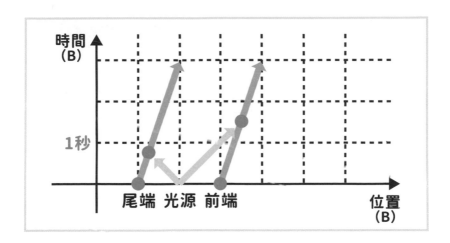

 奇怪？

光線在圖上的角度跟剛剛是一樣的耶？

 這就是「光速不變原理」！

在 B 君看來，光永遠以相同速度前進，所以同樣也是45度。

 哦哦——！

感覺變得有趣了！

⏰ 從時空圖看「同時性的不一致」

 可是老師，光明明是用同樣的角度前進，但跟尾端和前端的直線交點卻不同高耶？

 這正是所謂同時性的不一致！
由於電車的尾端和前端是以同一角度往座標軸正方向移動，所以射向尾端的光線會先與直線相交。
惠理，妳知道怎麼從這張時空圖看出「光線先到達尾端的偵測器」這件事嗎？

 我想想⋯⋯因為縱軸表示時間，所以只要看橫虛線的位置關係⋯⋯？

 很好喔。
相信只要觀察交點的縱軸座標，就能看出光線是在不同時間點到達電車尾端和前端的。

 所以就能夠得知，在 B 君看來，光線抵達電車頭尾的時間點並不相同！

看來妳終於也開竅了呢！

在電車外的Ｂ君看來，是往尾端前進的光先到達，往前端前進的光是在那之後才到達的。

用時空圖來思考的話，則是因為代表電車位移的那２條直線是傾斜的。

原來如此……。

的確，用時空圖來看，就能理解你說時間和空間是一體的意思了。

可是這樣一來，如果有２個人的話，不就得畫２張時空圖了嗎……？

好問題。其實，有個方法可以把２個人的時空圖整合成１張。

將2個時空圖
整合起來思考

時空圖上「同時性出現分歧」的瞬間

 運用時空圖，我們就可以用視覺確認在 B 君眼中，光線到達電車頭尾兩端的時間「並不同時」。

 可是，在 A 君看來，光線是「同時」到達電車頭尾兩端的對吧？

同時思考 A 君和 B 君的情況的話，果然腦袋還是很混亂……。

 那麼，我們就把 A 君看到的時空圖，以及 B 君看到的時空圖，2張合在一起來思考吧。

 要怎麼做呢？

首先，用電車外B君的時空圖來思考「A君眼中的『同時』，在B君眼中是在哪個位置？」。

意思是在B君的時空圖中，找出「A君看到的同時」？

對A君而言，**光線到達電車前端和尾端的時間是相同的**。

所以，「在B君的時空圖上對A君而言的同時」，就是下圖中的深藍色線段。

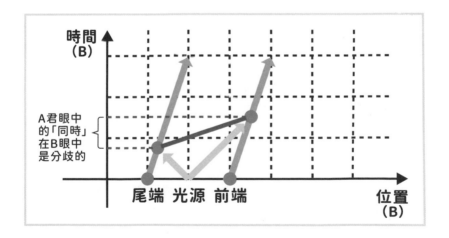

也就是，在B君的時空圖上畫出A君所感受到的「同時的時機」是吧……。

A君感受到同時的線段，並不是只有這條線。實際上，如果改變光源的位置思考相同的問題，相信妳會發現其他地方也能畫出「同時」的線。

🕐 為什麼 A 君和 B 君的「同時」會不一致呢？

在 B 君看來，A 君的「同時的時機」全部都會是斜線對嗎？

沒錯！
在這張時空圖上，對 B 君而言的「同時的時機」，可以表示成水平方向的線。
另一方面，對 A 君而言的「同時的時機」，在圖上則會是斜線。

我已經明白代表同時的線跟水平的「位置」軸會是斜的了。可是，「時間」軸又是如何呢？

跟代表同位置的線平行的時間軸，實際上也會是斜的。右頁就是 2 個人的時空圖重疊而成的圖。

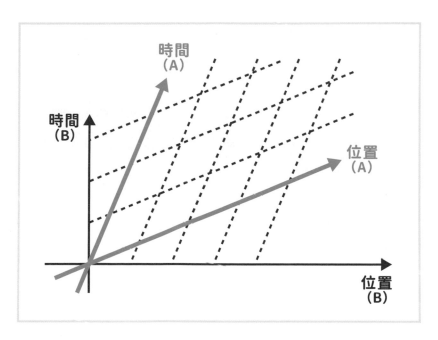

 呃呃……，所以說這張圖……是什麼意思啊？

 這張圖中的虛線，就是Ａ君眼中的同時和同位置。

 同位置的線也是斜的嗎？

 妳回想一下電車的例子。對Ａ君而言，電車的前端和尾端永遠保持相同的位置對吧？

不過，電車頭尾在Ｂ君的時空圖上卻會是斜線。

原來如此！
我總算明白了！

 時空圖在科普類的相對論書籍中常常被省略，但當妳對相對論中時間和空間的論述感到矛盾時，只要使用時空圖就能夠化解大部分的疑惑。

 原來如此。
那麼以後如果還有疑問的話，我會畫時空圖來解決的！

 嗯，請務必自己挑戰看看！

結語

什麼是時間？什麼是空間？大家在自己生命中最多愁善感的那段歲月（？），是否也曾想過這個問題呢。不瞞各位，除了妄想「如何在同班同學面前華麗地擊倒闖進學校的邪惡組織」外，這是我最常思考的一個問題。

事實上，現代的物理學依然還未找到這個問題的答案。不過，比起在相對論誕生前人們對時間和空間的概念，相信人類已更加接近時空間的真貌。

物理學不是一門可以一下子就找到真理的學問。

然而，物理學已經存在了數百年，使人們對自然有更深的理解，並使人類的生活變得更加富足。

科學家們首先發現了原子，繼而找到了原子內的原子核，接著又發現了藏在其中名為質子和中子的微小粒子，最後更明白就連那麼微小的粒子，其實也是由更微小的粒子所組成的。物理學，就是這麼一門不斷累積而成的學問。

在這令人眼花撩亂、快速變化的社會，相信很多人都覺得時間稍縱即逝。當你有這種感覺的時候，可以試著去學習一門像物理學一樣，儘管發展緩慢，但是每一步都腳踏實地的學問。我衷心期盼這本書能讓各位讀者品味到慢活的快樂，並於此擱筆。

Yobinori Takumi

[著者簡介]

Yobinori Takumi

教育系YouTuber。東京大學研究所畢業。學生時代專攻理論物理學,在大學研究「物理化學」,研究所則研究「生物物理」。考上研究所博士班後辭去了從事6年的補習班講師一職,為了推廣科普知識,決定開設YouTube頻道「予備校のノリで学ぶ『大学の数学・物理』(用上補習班的心情學大學數學・物理,簡稱:YOBINORI)」。現頻道訂閱數已突破24萬人。其影片曾在多所大學被當成授課參考資料介紹給學生。自2018年秋天起在AbemaTV的東大合格企劃節目『DRAGON堀江』以綽號「數學魔術師」的數學講師身分登場。

目前除以教育系YouTuber的身分繼續活動外,也出演了包含綜藝節目在內的各種活動與電視企劃。

著作有《予備校のノリで学ぶ大学数学(用上補習班的心情學大學數學)》(東京圖書)、《鍛鍊你的「微積感」!:連文科生都能一小時搞懂的微積分》(五南)。

[日文版Staff]

裝幀	小口翔平+喜來詩織(tobufune)
內文設計・DTP	ISSHIKI(DIGICAL)
編輯協力	野村光
責任編輯	鯨岡純一

相對論超入門

連文科生也能輕鬆讀懂劃時代理論

2021年3月1日初版第一刷發行

著　　　者	Yobinori Takumi
譯　　　者	陳識中
編　　　輯	劉皓如
美術編輯	黃郁琇
發 行 人	南部裕
發 行 所	台灣東販股份有限公司
	＜地址＞台北市南京東路4段130號2F-1
	＜電話＞(02)2577-8878
	＜傳真＞(02)2577-8896
	＜網址＞http://www.tohan.com.tw
郵撥帳號	1405049-4
法律顧問	蕭雄淋律師
總 經 銷	聯合發行股份有限公司
	＜電話＞(02)2917-8022

國家圖書館出版品預行編目 (CIP) 資料

相對論超入門:連文科生也能輕鬆讀懂劃
時代理論 /Yobinori Takumi 著;陳識中
譯. -- 初版. -- 臺北市:臺灣東販股份有
限公司, 2021.03
184 面; 14.7×21 公分
ISBN 978-986-511-582-1(平裝)

1. 相對論 2. 通俗作品

331.2   109021214

MUZUKASHII SUUSHIKI HA
MATTAKUWAKARIMASEN GA,
SOUTAISEIRIRON WO
OSHIETEKUDASAI !

© 2020 Yobinori Takumi
Originally published in Japan in 2020
by SB Creative Corp., TOKYO.
Traditional Chinese translation rights
arranged with SB Creative Corp.
through TOHAN CORPORATION, TOKYO.